高等职业教育数字媒体技术专业教材

Photoshop 图像处理项目化教程
（微课版）

主　编　车学董　李冬芸　关　文
副主编　王洋澜　冯秀亭　申　红　李　猛　秦　菊

中国水利水电出版社
www.waterpub.com.cn
·北京·

内 容 提 要

本书以 Photoshop CC 2019 版本软件为基础编写而成，从实用角度出发，实施项目化教学。全书划分为 4 个部分，包含基础部分及 3 个项目 12 个任务，系统阐述了 Photoshop 软件的核心知识点以及 Photoshop 在图形图像处理基础应用、商业设计、动漫绘画创作等领域的具体运用。本书的实践案例均来自企业行业的实际工作任务转化，符合岗位能力需求，利于学以致用。每一个任务案例都有详细的步骤讲解，引领读者由浅入深地掌握 Photoshop 的核心功能与实践技术应用。整体知识内容规划旨在培养和提升读者的综合设计能力，使之尽快成为一名合格的设计者。

本书可作为高职高专或应用型本科艺术设计和计算机类专业相关课程的教材，也可作为相关培训机构的教学用书或平面设计、动漫绘画爱好者的自学用书。

图书在版编目（CIP）数据

Photoshop图像处理项目化教程 : 微课版 / 车学董，李冬芸，关文主编. -- 北京 : 中国水利水电出版社，2021.8
高等职业教育数字媒体技术专业教材
ISBN 978-7-5170-9842-3

Ⅰ. ①P… Ⅱ. ①车… ②李… ③关… Ⅲ. ①图像处理软件－高等职业教育－教材 Ⅳ. ①TP391.413

中国版本图书馆CIP数据核字(2021)第163602号

策划编辑：石永峰　责任编辑：周益丹　加工编辑：林晓珊　封面设计：李　佳

书　名	高等职业教育数字媒体技术专业教材 Photoshop 图像处理项目化教程（微课版） Photoshop TUXIANG CHULI XIANGMUHUA JIAOCHENG (WEIKE BAN)
作　者	主　编　车学董　李冬芸　关　文 副主编　王洋澜　冯秀亭　申　红　李　猛　秦　菊
出版发行	中国水利水电出版社 （北京市海淀区玉渊潭南路1号D座　100038） 网址：www.waterpub.com.cn E-mail: mchannel@263.net（万水） 　　　　sales@waterpub.com.cn 电话：（010）68367658（营销中心）、82562819（万水）
经　售	全国各地新华书店和相关出版物销售网点
排　版	北京万水电子信息有限公司
印　刷	天津联城印刷有限公司
规　格	184mm×260mm　16开本　13.5印张　312千字
版　次	2021年8月第1版　2021年8月第1次印刷
印　数	0001—2000册
定　价	65.00元

凡购买我社图书，如有缺页、倒页、脱页的，本社营销中心负责调换

版权所有·侵权必究

前　言

　　Photoshop 从诞生到发展已有三十多年，是 Adobe 公司最闪耀的明星，也是迄今为止世界上最畅销的图形图像处理软件。鉴于其在图像处理、平面设计、动漫绘画技术上的不断创新，今天它广泛应用于广告设计、印刷出版、移动交互设计、电子商务、数字可视化、原画创作等领域。

　　Photoshop 软件从 20 世纪 90 年代初致力于图形图像处理（被称为照相室暗房技术），用于对图片的曝光、调色、修补、合成等技术；到平面设计领域中应用图文混排、路径、形状文字等在广告印刷排版中大放异彩；再到动漫绘画领域的技术支持，包含画笔工具、艺术画笔、色彩系统、滤镜库、图层混合模式等。Photoshop 与时俱进，一直走在技术前沿。我们作为互联网、数字信息技术高速发展时代的设计工作者，不仅要有技术，还要有持续的创新力、学习力，能像 Photoshop 那样顺应引领市场的需求，吸取精华加以转化，服务社会，以实现自身价值。

　　本书编者都是应用 Photoshop 多年，希望将个人经验和心得分享给读者的热心教师和企业专家。本书旨在培养学习者的学习兴趣，使之构建适合自身的数字艺术知识体系；在技能梳理上秉承简洁、系统、复合的原则，将传授方法作为教学的核心。本书从理论到任务案例讲解，内容由浅入深，知识面覆盖了 Photoshop CC 2019 的基础知识及其在相关行业中的技术应用。

　　本书内容如下：

　　（1）基础 Photoshop CC 2019 基本操作，主要内容包括图形图像基本概念、操作界面、图层、通道与蒙版、路径、色彩调整等知识。

　　（2）项目一　新荷图文公司基础服务，内容包括旧照片及生活照的处理、证件照及职业形象照的处理、使用动作及批处理提升工作效率、与多种应用软件联合使用等知识。

　　（3）项目二　Babyhope 母婴品牌设计，主要内容有品牌标志设计、VI 系列设计应用、品牌包装设计、网页设计、海报设计。

　　（4）项目三　古堡探秘动漫原画设计，主要内容有开发创建自由画笔、动漫角色创设、动漫场景设计、古堡壁画绘制（国画、油画风格）等。

　　本书提供立体化教学资源，包括教学课件（PPT）、教学视频、任务案例和拓展训练的素材及源文件，以及"图形图像处理 Photoshop"精品在线课程的众多资源（在线课程网址 https://mooc1-1.chaoxing.com/course/202691129.html）。丰富的配套资源，希望能为广大师生的教与学提供更多的便利，使每一位读者通过本书的学习都能达到一定的职业技能水平。

本书由车学董、李冬芸、关文任主编，王洋澜、冯秀亭、申红、李猛、秦菊任副主编，参与本书编写的还有王麒祺、王文革、吴汉环等。本书在编写过程中得到很多朋友的大力支持，在这里特别感谢王旭日、李坚能、动漫小队的伙伴们。

由于时间仓促，不足之处在所难免，敬请广大读者批评指正。

编　者
2021 年 5 月

目　　录

前言

基础　Photoshop CC 2019 基本操作 1
0.1　图形图像基本概念 2
0.2　Photoshop CC 2019 的操作界面 7
0.3　图层 20
0.4　通道与蒙版 33
0.5　路径 45
0.6　色彩调整 50

项目 1　新荷图文公司基础服务 67
任务一　旧照片及生活照的处理 68
任务二　证件照及职业形象照的处理 79
任务三　使用动作及批处理提升工作效率 88
任务四　Photoshop 与多款软件联合使用 96

项目 2　Babyhope 母婴品牌项目 103
任务一　Babyhope 品牌标志设计 104
任务二　Babyhope 品牌 VI 设计 109
任务三　Babyhope 品牌包装设计 125
任务四　Babyhope 品牌网页设计 137

项目 3　古堡探秘动漫原画项目 149
任务一　开发创建自由画笔 150
任务二　动漫角色创设 160
任务三　动漫场景设计 174
任务四　古堡壁画绘制 188

参考文献 209

基础
Photoshop CC 2019 基本操作

导读

　　Photoshop，简称 PS，是一款由 Adobe 公司开发的功能强大的图形图像处理软件，也是常用的设计、绘图软件之一。基础部分主要讲解 Photoshop 软件的界面及基本操作，重要知识点包括图层、通道、蒙版、色彩调整、路径等。

教学目标

- 会创建和使用各种图层。
- 能熟练运用路径、通道、蒙版进行抠图。
- 能使用色彩调整命令校正偏色、曝光不足的图像。

三十多年来，Photoshop 与时俱进、创新不断，给人们带来了难以计数的印象深刻的视觉影像。今天，Photoshop 已成为众多图像处理行业的标准，是迄今为止世界上最畅销的图形图像处理软件。本书全程用 Photoshop 软件进行讲解演示，并以 Photoshop CC 2019 版本为例介绍 Photoshop 的基本操作及在设计创作中的应用。Photoshop 的图标及启动画面如图 0-1、图 0-2 所示。

图 0-1　Photoshop 的图标

图 0-2　Photoshop CC 2019 启动画面

0.1　图形图像基本概念

在使用 Photoshop 软件处理图像、设计创作之前，我们必须先了解图形图像的一些基本概念和专业术语，以便建立系统的数字图像知识，更好更全面地开发应用 Photoshop 的功能。

0.1.1　分辨率

分辨率，是指单位长度内所含有的点或像素的多少，单位为"像素/英寸"或者"像素/厘米"。图像分辨率越高，表示每英寸或每厘米所包含的像素越多，文件包含的信息就越多，所以分辨率高的图像更加清晰，文件也更大。

注意：图像采用多大的分辨率，跟图像的尺寸、应用目的密切相关，如果图像用于印刷，则应达到 300 像素/英寸的分辨率，但若图像高宽尺寸超过 100 厘米，则需要降低分辨率，否则机器运转超负荷，会变得缓慢或出现卡死现象。如果图像是在计算机或网络上使用，分辨率设置为 72 像素/英寸即可。

0.1.2　位图与矢量图

位图也称为点阵图像或栅格图像，是由像素组成的。相比于矢量图，位图能够更加逼真地表现出自然景观，颜色过渡更加自然。用数码相机拍摄的照片和扫描仪扫描的图片都是位图。其缺点是占用空间较大，旋转或缩放会导致失真，产生不规则的锯齿形轮廓，如图 0-3、图 0-4 所示。

图 0-3　位图原图

图 0-4　放大后的位图

矢量图是以数学描述的方式来记录图像内容的。矢量图只能由软件生成，如在 Adobe Illustrator、Animate、AutoCAD 中绘制的图形，构成矢量图形的元素是一些点、线、矩形、多边形、圆和弧线等，所以文件较小，而且与分辨率无关，放大后也不会失真。其缺点是无法精确地描述自然景观和色彩层次丰富的图像效果。矢量图原图及放大后的效果如图 0-5、0-6 所示。

图 0-5　Animate 绘制的矢量图

图 0-6　放大的矢量图

0.1.3　文件存储格式

文件存储格式是指电脑为了存储信息而使用的对信息的特殊编码方式，用于识别内部储存资料的类型。在不同的需求下可以选择不同的文件格式。每一种文件格式通常会有一种或多种扩展名可以用来识别，但也可能没有扩展名。Photoshop 文件保存类型多达 22 种，有很强的兼容性。Photoshop 文件存储格式列表如图 0-7 所示。

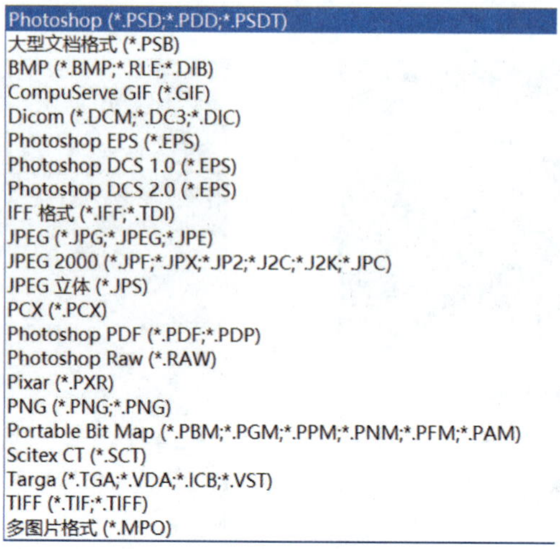

图 0-7　文件存储格式列表

PSD 格式：PSD 格式是 Photoshop 默认的文件格式，可以存储文档中的图层、蒙版、通道、路径、图层样式等信息。通常情况下将文件保存为 PSD 格式，以便修改。

PSB 格式：PSB 格式是 Photoshop 的大型文档格式，支持高达 300 万像素的超大图像文件。如果要创建一个 2GB 以上的 PSD 文件，可以使用该格式。

BMP 格式：BMP 是一种用于 Windows 操作系统的图像格式。支持 RGB、位图、灰度和索引模式，但不支持 Alpha 通道。

GIF 格式：GIF 格式支持透明背景的动画，采用 LZW 无损压缩方式，压缩效果较好，最多只能保存 256 色的 RGB 色阶阶数。

JPEG 格式：采用有损压缩方式，具有较好的压缩效果，但会损失图像细节。JPEG 格式支持 RGB、CMYK 和灰度模式，不支持 Alpha 通道。

PCX 格式：采用 RLE 无损压缩方式，支持 24 位、256 色的图像，适合保存索引和线画稿模式的图像。该格式支持 RGB、索引、灰度和位图模式，以及一个颜色通道。

PDF 格式：PDF 格式是一种通用的文件格式，支持矢量数据和位图数据。PDF 格式支持 RGB、CMYK、索引、灰度、位图和 Lab 模式，不支持 Alpha 通道。

Raw 格式：用于在应用程序与计算机平台之间传递图像。支持具有 Alpha 通道的 CMYK、RGB 和灰度模式，以及无 Alpha 通道的多通道、Lab、索引和双色调模式。

Pixar 格式：Pixar 是专为用于渲染三维图像和动画等的应用程序设计的文件格式。支持具有单个 Alpha 通道的 RGB 和灰度图像。

Scitex CT 格式：用于 Scitex 计算机上的高端图像处理。支持 CMYK、RGB 和灰度图像，不支持 Alpha 通道。

TGA 格式：TGA 格式专用于使用 Truevision 视频板的系统，支持一个单独 Alpha 通道的 32 位 RGB 文件，以及无 Alpha 通道的索引、灰度模式，16 位和 24 位 RGB 文件。

TIFF 格式：TIFF 是一种通用的文件格式。该格式支持具有 Alpha 通道的 CMYK、RGB、Lab、索引颜色和灰度图像，以及没有 Alpha 通道的位图模式图像。

PNG 格式：PNG 使用从 LZ77 派生的无损数据压缩算法，一般应用于 JAVA 程序、网页或 S60 程序中，原因是它压缩比高，生成文件体积小。PNG 格式的文档可以轻松导入 Animate 及 Word 文档使用。

0.1.4 常见颜色模式

颜色模式是指将某种颜色表现为数字形式的模型，颜色模式之间的区别在于不同颜色模式对于色彩的分解和组合方式不同。常见的颜色模式有 RGB 模式、CMYK 模式、Lab 颜色模式、位图模式、灰度模式、索引颜色模式、双色调模式和多通道模式。

RGB 模式：RGB 模式是一种加色法模式，通过 R、G、B 的辐射量，可描述出任意一颜色。计算机定义颜色时，R、G、B 三种成分的取值范围是 0～255，0 表示没有刺激量，255 表示刺激量达最大值。R、G、B 均为 255 时就合成了白色，R、G、B 均为 0 时就形成了黑色。RGB 模式是电脑、手机、投影仪、电视等屏幕显示的最佳颜色模式，也是 Photoshop 中最常用的颜色模式。RGB 颜色模式如图 0-8 所示。

图 0-8　RGB 颜色模式

CMYK 模式：CMYK 颜色模式是一种印刷模式。其中四个字母分别指青（Cyan）、洋红（Magenta）、黄（Yellow）、黑（Black），在印刷中代表四种颜色的油墨。印刷时每一个像素的油墨颜色将会用这四种颜色进行混合，当这四种油墨的值都是 0% 时就会呈现白色。由于计算机的显示器使用 RGB 的模型显色，CMYK 会被转化为 RGB 模式显示，所以使用 CMYK 印刷后的效果会与显示效果有一定的差异。CMYK 颜色模式如图 0-9 所示。

Lab 模式：Lab 模式由三个通道组成，但不是 R、G、B 通道。它的一个通道是明度，即 L，另外两个是色彩通道，用 A 和 B 来表示。A 通道包括的颜色是从深绿色（低亮度值）到灰色（中亮度值）再到亮粉红色（高亮度值）；B 通道则是从深蓝色（低亮度值）到灰色（中亮度值）再到黄色（高亮度值）。因此，这种色彩混合后将产生明亮的色彩。将 RGB 模式转换成 CMYK 模式时，Photoshop 会自动将 RGB 模式转换为 Lab 模式，再转换为 CMYK 模式。三类颜色模式色域如图 0-10 所示。

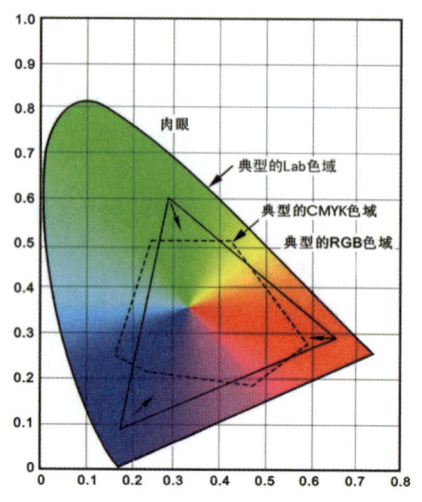

图 0-9　CMYK 颜色模式　　　　　　　　　图 0-10　三类颜色模式的色域

位图模式：使用两种颜色（黑和白）来表示图像中的像素。如果要将 RGB 模式的图像转为位图模式，就必须先转为灰度模式，如图 0-11 所示；使用位图模式可以创作出多种模板雕刻效果，如图 0-12 所示。

RGB 模式　　　　　　转灰度模式　　　　　　转位图模式

图 0-11　颜色模式转换

图 0-12　位图模式的各种设置效果

灰度模式：用单一色调表现图像，一个像素的颜色用八位元来表示，一共可表现 256 阶（色阶）的灰色调（含黑和白），也就是 256 种明度的灰色。是从黑—灰—白的过渡，如同黑白照片。可用于将彩色图像转为高品质的黑白图像（有亮度效果）。将彩色图像转换为灰度模式时，所有的颜色信息都将被删除。虽然 Photoshop 允许将灰度模式的图像再转换为彩色模式，但是原来已经丢失的颜色信息不能再返回。

索引颜色模式：索引颜色模式是采用一个颜色表存放并索引图像中的颜色，使用最多 256 种颜色，当转换为索引颜色时，Photoshop 将构建一个颜色查找表（CLUT），用以存放并索引图像中的颜色。在索引颜色模式下，很多操作会受到限制，RGB 模式转换为索引颜色模式如图 0-13 所示。

RGB 模式　　　　　　　　索引颜色模式

图 0-13　RGB 模式转索引颜色模式效果

双色调模式：双色调模式采用 2～4 种彩色油墨来创建由双色调（2 种颜色）、三色调（3 种颜色）和四色调（4 种颜色）混合其色阶来组成图像。要转换成双色调模式，首先要转换成灰度模式。使用双色调模式可以制作怀旧色彩照，效果如图 0-14 所示。

图 0-14　RGB 颜色模式转双色调模式效果

多通道模式：在多通道模式中，各个通道均用 256 个灰度级。多用于特定的打印或输出。

0.2　Photoshop CC 2019 的操作界面

Photoshop CC 2019 新增了适应人工智能发展需要的辅助学习等一系列实用功能，比如"工具提示""画笔分组管理""弯度钢笔工具""色轮""内容识别填充优化""智能化移动工具"等，这些新增功能使软件更容易上手，帮助设计师更好地实现预期画面效果。

0.2.1 界面总体介绍

Photoshop 界面主体包括工作区、菜单栏、属性栏、工具箱和浮动面板组，文档窗口下方还有状态栏，Photoshop 整体界面布局如图 0-15 所示。

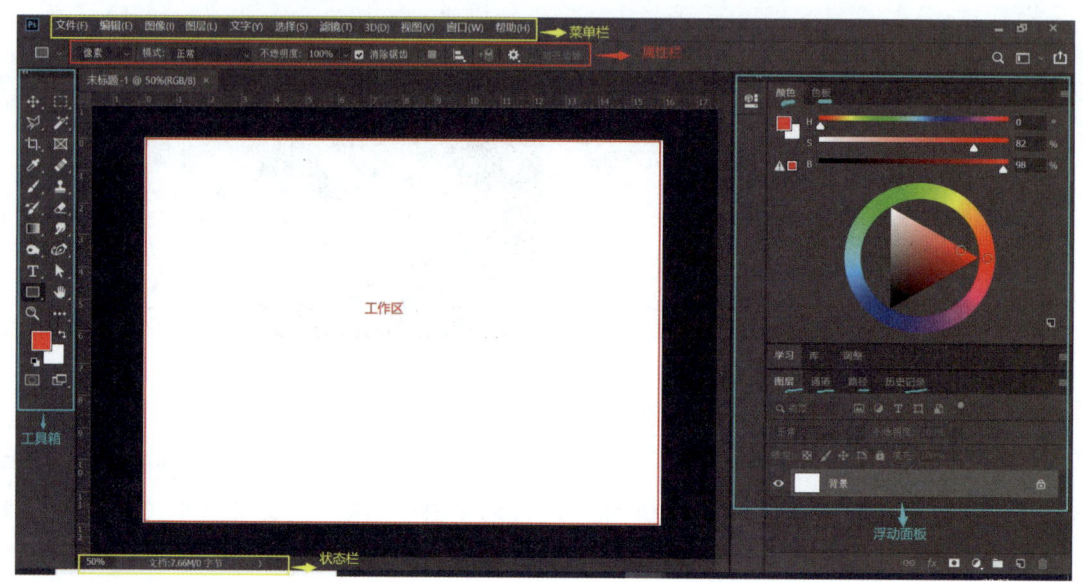

图 0-15　Photoshop 界面

0.2.2 菜单栏

菜单栏包含了大多数的操作命令，主要有文件、编辑、图层、3D、滤镜、窗口等，可以配合工具箱进行使用，每个菜单栏下面包含相应选项，有的还包含子菜单选项，如图 0-16 所示。

图 0-16　Photoshop 菜单栏

"文件"菜单：包括文件的新建、打开和保存等，也可以在这里进行批处理和导入导出等。

"编辑"菜单：包含工具箱中的一些功能，可以在"编辑"菜单中进行更详细的设置；编辑菜单还包含复制（快捷键【Ctrl+C】）、粘贴（快捷键【Ctrl+V】）、操控变形、自由变换（快捷键【Ctrl+T】）、定义图案、定义画笔等重要功能。Photoshop CC 2019 全新的"内容识别填充"功能为用户提供了良好的交互编辑体验，进而能获得完好的填充结果。用户可以在"内容识别填充"功能中通过选择要使用的源像素，获取有关变更的实时全分辨率预览效果，并可将变更结果保存到新图层以便二次编辑。

使用该功能前，要先使用选择类工具将拟填充的区域选中，然后执行"编辑"→"内容识别填充"菜单命令，打开"预览"面板并根据实时预览效果设置相关参数，设置好后单击"确定"按钮，如图 0-17 至图 0-19 所示。

图 0-17　选择需要填充的部分

图 0-18　内容识别填充取样区域及预览窗口

"图像"菜单：可以对图像颜色模式、色彩、明亮度、图像大小、画布大小等进行整体调整，还可细致更改色彩平衡、饱和度、匹配颜色等设置。

图 0-19 内容识别填充后的效果

"图层"菜单：包括图层面板外的更多对图层的操作。

"文字"菜单：辅助文字工具组的使用，可以创建 3D 文字、转换为形状等。

"选择"菜单：配合选择工具组使用，可以修改、变换选区、使用色彩范围等。

"滤镜"菜单：包含滤镜库、模糊、渲染等选项，可以使用滤镜为图片设计丰富的特效。

"3D"菜单：创建和编辑 3D 效果。

"视图"菜单：调整显示比例，显示标尺和参考线，对图像进行更精确的编辑。

"窗口"菜单：可以在这里根据需要显示或隐藏面板，排列工作区等。Photoshop CC 2019 在窗口菜单下的"颜色"面板中新增了色轮功能，色轮可以更直观地显示色谱中的补色关系，用户可以根据已选颜色角度轻松选择对比色或近似色，提高配色的准确性。单击"颜色"面板右上角的"列表"按钮，从弹出的下拉列表中选择"色轮"即可启用色轮选色，如图 0-20 所示。

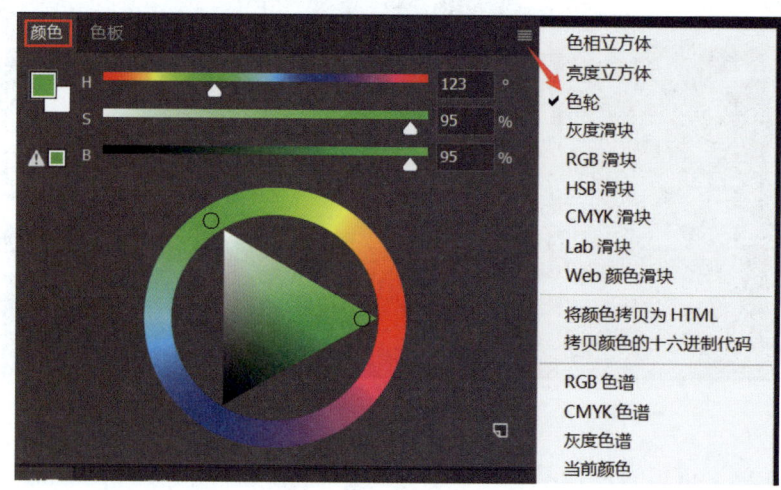

图 0-20 启用色轮

"帮助"菜单：可以查看 Photoshop CC 的帮助和教程等。

0.2.3 属性栏和状态栏

属性栏：使用不同的工具时，属性栏会显示相应的工具选项，可根据需要进行细致调整；如图 0-21 所示为魔棒工具属性栏，图 0-22 所示为渐变工具属性栏。

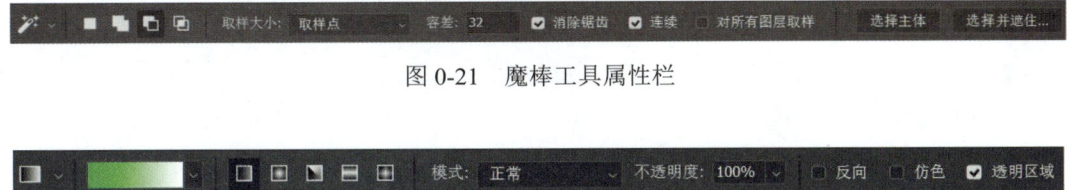

图 0-21 魔棒工具属性栏

图 0-22 渐变工具属性栏

状态栏：显示当前图像的大小、尺寸、图层等信息，可以调整画面比例，单击右侧箭头可以选择查看更多信息，如图 0-23 所示。

图 0-23 文档状态栏选项

0.2.4 工具栏

工具栏包含了 Photoshop 中的常用工具，将鼠标指针放在某个工具图标上，可以显示这个工具的名称及使用方法，如图 0-24 所示。有些工具右下角有三角形标志则说明这是一个工具组，右击或长按左键即可显示工具组中的所有工具，如图 0-25 和图 0-26 所示。

图 0-24　裁剪工具用法

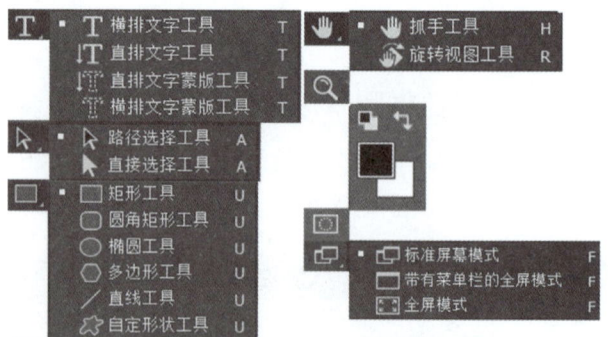

图 0-25　文字、矩形、查看等工具组

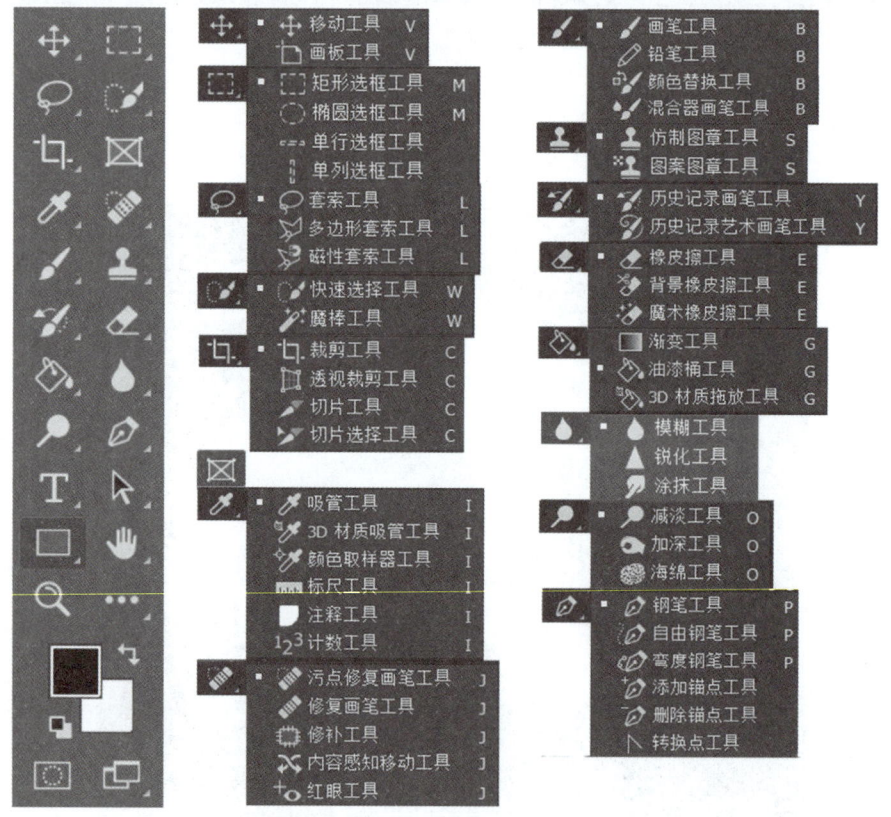

图 0-26　选择、绘画、修复等工具组

移动类工具

移动工具：是经常使用的工具之一，可以对 Photoshop 里的图层、绘制的对象、选择区域进行移动。Photoshop CC 2019 进一步智能化了移动工具，当使用移动工具对文本对象进行移动时，若想对其进行文本属性编辑，以往版本只能在工具栏选择文本工具后才能进行，而在 Photoshop CC 2019 新版本的智能化移动工具只需双击文字，就能跳转到文本工具并进入文字编辑状态，大大提高了用户的工作效率，如图 0-27 和图 0-28 所示。

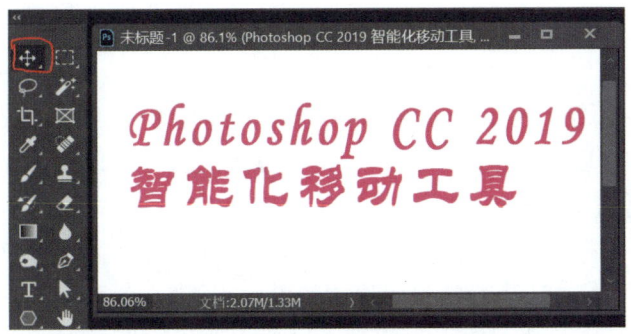

图 0-27　移动工具状态下双击文案

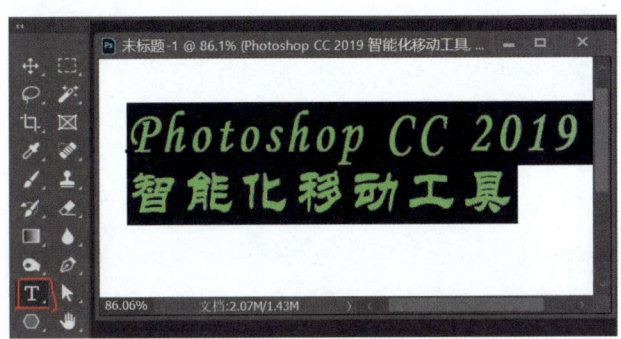

图 0-28　双击文案后进入文本编辑状态

抓手工具：用来抓住画布进行拖动，也是经常使用的工具之一，画图或查看局部时经常使用空格键临时切换为抓手工具，以方便画图时操作。

旋转视图工具：用鼠标左键长按抓手工具，在弹出的选项中选择旋转视图工具，即可启用旋转画布视图的功能，其快捷键为【R】。

选区类工具

矩形选框工具：可以在图像中选取一个矩形选区范围，按住【Shift】键，可以选择一个正方形选区范围。

魔棒工具：在图像的某区域单击一下，即可对图像颜色进行选择，选择的颜色范围是相同的颜色，在属性栏的"容差"中可以设置容差值，数值越大，表示魔棒可选择的颜色差别越大，反之，颜色差别小。

选区类工具具有一些共同操作特点，在选择区域基础上再按【Shift】键可添加选取范围；在选择区域基础上再按【Alt】键可删减选取范围；按【Ctrl+H】组合键可隐藏选择范围；按【Ctrl+D】组合键可取消选择范围。

颜色选取类工具

吸管工具：选择颜色时常用的工具，使用吸管在画面上选择的颜色会作为前景色使用，画图时按住【Alt】键会临时切换到吸管工具，更方便画图时操作。

绘图类工具

画笔工具：即绘图笔，通过选择不同类型的画笔，可绘制多种画笔笔触，快捷键为【B】，画笔工具及混合器画笔工具是动漫原画、插画创作的关键，后面案例中会详细介绍它们的用法。

橡皮擦工具：通过选择不同类型的画笔，可擦除画笔痕迹，快捷键为【E】。

减淡工具：可以减淡图像颜色，使笔触覆盖的区域颜色变亮减淡，与其工具组后面隐藏的加深工具用途相反。

涂抹工具：用于颜色过渡，将颜色柔和化并混合在一起，能产生火焰、海浪等笔触效果，可通过使用不同画笔得到不同涂抹效果。

绘图类工具具有几个共同特点，均可通过右击选择画笔类型，并调节画笔参数；缩小画笔的快捷键是"["，放大画笔的快捷键是"]"，对所有绘画类工具均适用。

路径工具

钢笔工具：用来创建精确选区，设计、绘制图形路径，比选区更易保存。

弯度钢笔工具：Photoshop CC 2019 在钢笔工具组内添加了一个弯度钢笔工具。该工具直观简洁，可让设计人员轻松绘制平滑曲线和直线段，能更快捷地成型图像。在使用该工具时无需切换工具就能创建、切换、编辑、添加或删除平滑点或角点，如图 0-29 所示。该工具不仅可以通过在路径上任意拖动锚点位置改变路径形状，在将平滑点转换为角点时，也只需双击该锚点即可实现，如图 0-30 和图 0-31 所示。

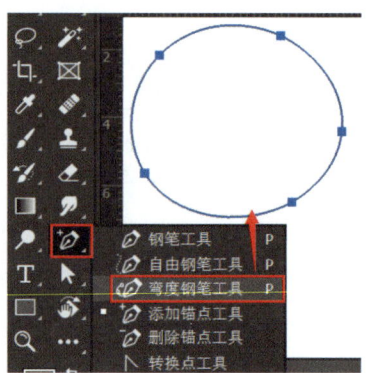

图 0-29　弯度钢笔工具创建的圆滑路径

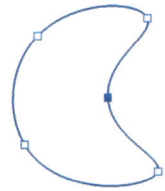
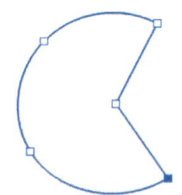

图 0-30　拖动锚点位置改变路径形状　　　　　图 0-31　双击锚点转为角点

图像处理类工具

裁切工具：将裁切节点向图像内部拖动可裁剪画布范围，向图像外部拖动可增大画布范围。

■ 渐变工具：主要用来对图像进行渐变填充，双击渐变工具，在属性栏会出现渐变类型，选择线性或径向渐变，在图像中按住鼠标左键往某一个方向拖动并松开鼠标，即可填充渐变颜色。如果想在图像局部填充渐变色，则要先选择一个选区范围。

T 文字工具：可在图像中添加文字，选中工具箱中的文字工具，在属性栏右侧单击"切换字符和段落面板"按钮，可在打开的"字符"面板中设置文字参数，如图0-32所示。

图0-32　文字工具与字符面板

0.2.5　浮动面板

- 浮动面板组：浮动面板几乎包含了Photoshop所有的控制功能，在这里可以进行很多工具的设置调整，对整个文件的操作进行统筹和修改。默认情况下浮动面板位于界面右侧，浮动面板像工具箱一样可以自由移动位置，也可以与某个常用面板组合在一起，还可折叠起来留出工作区域，用户可以根据工作需要选择隐藏或显示某个面板，选择"窗口"菜单，这里列出的就是浮动面板的名称，名称前面打钩的表示这个面板当前是显示的，没有打钩的表示不显示。

- 浮动面板、工具箱等屏幕界面用的久了，就会变得很乱，此时单击"窗口"→"工作区"→"复位基本功能"，所有的面板就会排列整齐，恢复默认设置。按一下键盘上的【Tab】键，可以将所有的工具栏和面板隐藏，便于观看设计图的整体效果，如图0-33所示。再按一下键盘上的【Tab】键，则取消隐藏，恢复原貌，如图0-34所示。同时按住【Shift】键和【Tab】键，可以隐藏右边的活动面板，保留工具栏。

- 图层面板：显示各图层并指示当前图层，在这里可以进行图层新建、删除、移动上下位置、创建图层蒙版等控制和操作，如图0-35所示。

- 通道面板：记录不同通道中的颜色数据，可以对单个通道进行操作，如图0-36所示。

- 路径面板：用于创建和编辑路径，当使用"钢笔工具" 、"矩形工具" 绘制时即形成相应的路径层，双击"工作路径"层可以为路径重命名并保存，如图0-37所示。

- 颜色面板：在这里可以选取和设置颜色，单击面板右侧按钮可以选择"亮度立方体""色轮""RGB 滑块""HSB 滑块"等不同样式的颜色面板及色谱，如图 0-38 所示。

图 0-33　按【Tab】键隐藏工具箱和面板组

图 0-34　再按【Tab】键恢复工具箱和面板

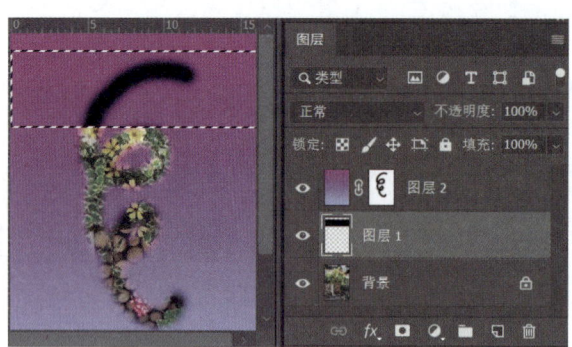

图 0-35　图层及图层面板显示

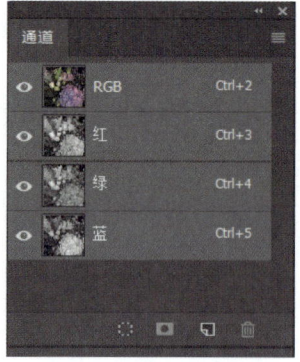

图 0-36　通道面板

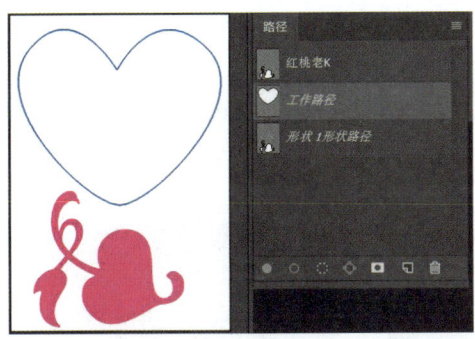
图 0-37　路径面板

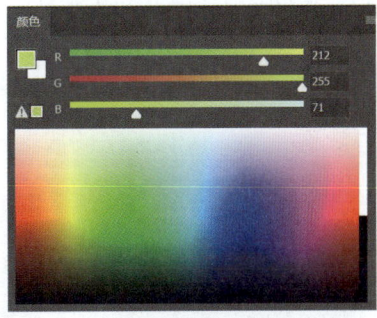
图 0-38　颜色面板

- 色板面板：与颜色面板相似，在这里会显示一些已经设定的颜色，如图 0-39 所示。
- 历史记录面板：用来查看历史操作，可以通过单击某一步历史操作记录回到之前某一操作的位置，如图 0-40 所示。默认历史记录步数为 50，可以根据需要设置记录步数，选择"编辑"→"首选项"→"性能"，打开"首选项"对话框，设置历史记录状态，如图 0-41 所示。

图 0-39　色板面板

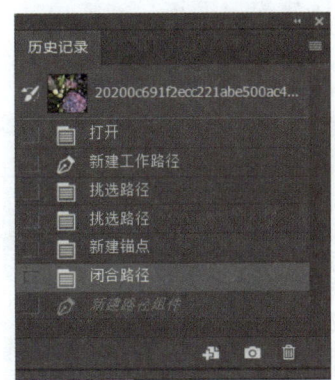
图 0-40　历史记录面板

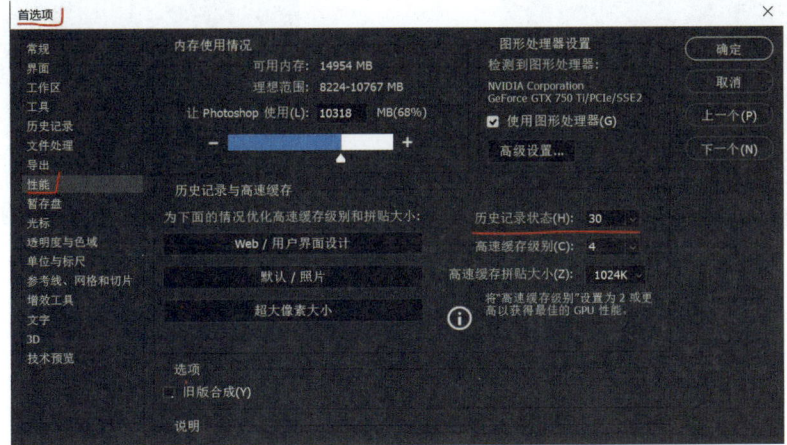
图 0-41　在首选项中修改历史记录状态

- 调整面板：用来添加新的"亮度/饱和度""曲线""可选颜色""渐变映射"等各类调整图层，如图 0-42 所示。
- 字符面板：与"文字"工具配合使用，用来控制字符的格式，如图 0-43 所示。
- 段落面板：控制文字的段落格式，如图 0-44 所示。

图 0-42　调整面板

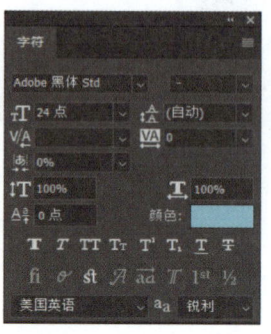

图 0-43　字符面板

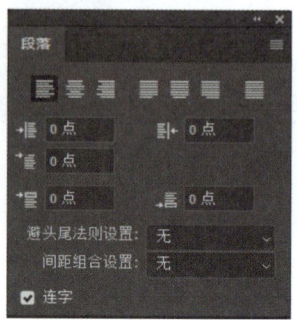

图 0-44　段落面板

- 画笔面板：用来选择画笔和调整画笔大小，如图 0-45 所示。
- 画笔设置面板：能够更精确详细地控制画笔的笔尖形状、散布、颜色动态、湿边等各项属性，可以用来设置创建个人独具特色的画笔，如图 0-46 所示。

图 0-45　画笔面板

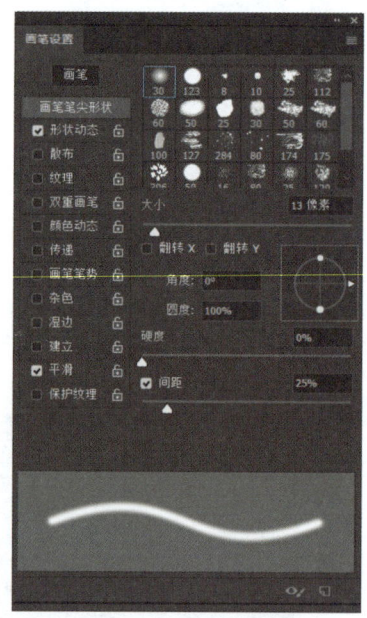

图 0-46　画笔设置面板

0.2.6　新建文件与保存

在 Photoshop 软件中进行设计或绘图的第一步，是先准备"画纸"，只不过换了一个名字，叫作"文档画布"。打开 Photoshop 软件，选择"文件"→"新建"菜单命令，即可打开"新建文档"对话框，如图 0-47 所示。

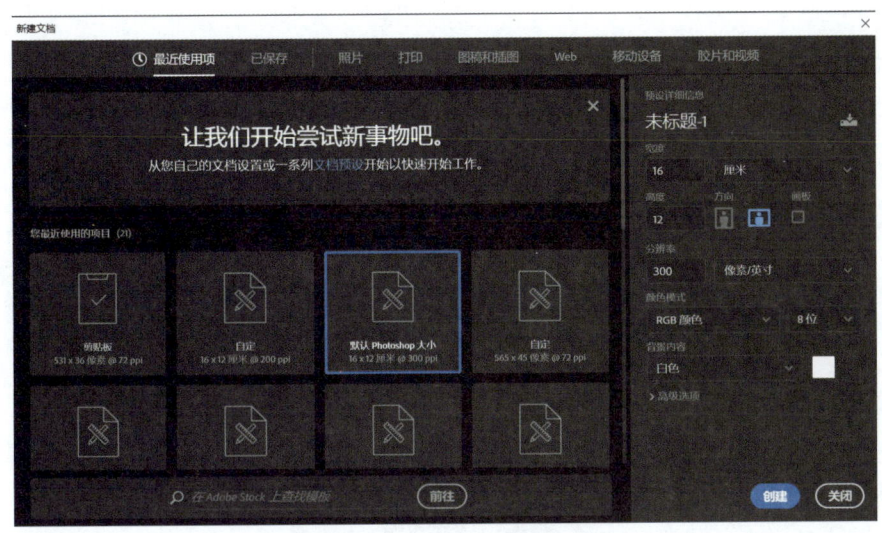

图 0-47　"新建文档"对话框

下面讲解一下"新建文档"对话框中各参数的含义。

在"新建文档"对话框左侧提供了新建文档的多种方式，有"剪贴板""自定""默认 Photoshop 大小"等，在对话框右侧可以更改设置文档尺寸及分辨率。对文档的宽度/高度自由设置时，要注意后面的单位名称，如厘米、像素等。常用 RGB 颜色模式，若设计用于杂志、海报等纸质媒介时，印刷前要先将颜色模式转换成 CMYK 颜色模式。若绘制比较大的图时，可适当调低分辨率（72～300）像素/英寸，笔者个人常用"默认 Photoshop 大小"16 厘米 ×12 厘米，分辨率设置为 200 像素/英寸。单击右下角"创建"按钮，则在 Photoshop 界面中间显示白色区域，也就是新建的一张"画纸"，如图 0-48 所示。

图 0-48　新建白色画纸

在新建文档之后要尽快保存，以免中途丢失文档信息。单击"文件"→"存储为"菜单命令，打开"另存为"对话框，如图 0-49 所示。"文件名"后面可以编辑文件名称，"保存类型"后面可以选择存储格式，Photoshop 默认格式为 PSD 格式，这是分层文件的存储格式，利于后期分层修改完善设计稿。若想将设计稿或插图保存为图片格式，可以选择类型下面的 JPEG 格式，也就是我们平时常见后缀为 .jpg 的图片。

图 0-49 "另存为"对话框

保存文件的快捷键是【Ctrl+S】，要牢记这个快捷键，养成随时存盘的好习惯，使劳动成果不会因机器卡顿或断电而丢失。

0.3 图层

图层是 Photoshop 软件的核心功能，使用 Photoshop 软件中的菜单命令及工具组的操作几乎都是基于某个图层进行的，每个图层可以单独保存独立的信息，便于再次编辑或修改，一般的设计或创作稿完成后为了减少占用空间会合层保存，有经验的作者会同时保留一份未合层文件。

0.3.1 图层面板

在图层面板中可以非常方便的对单个图层或多个图层进行编辑，还可以"创建""删除""重命名""分组""链接"图层，图层面板的操作如图 0-50 所示。

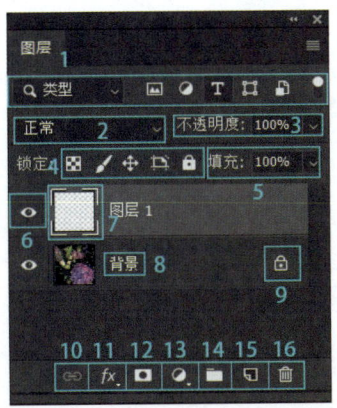

1－查找图层；2－图层混合模式；3－图层不透明度；4－锁定图层；5－填充不透明度；6－图层可见性；7－当前图层；8－图层名称；9－锁定标志；10－链接图层；11－添加图层样式；12－添加图层蒙版；13－创建填充或调整图层；14－创建新组；15－创建图层；16－删除图层

图 0-50　图层面板详解

0.3.2　图层的种类

在 Photoshop 中一共有 8 种图层，每种图层的功能和编辑范围不同。

背景图层：新建文档或载入素材时自动出现的图层，一般是锁定状态，背景图层位于所有图层的最下方，操作比较局限，不可以添加蒙版和图层样式，也不能更改不透明度，只能使用画笔和修饰工具等。如果想将背景图层转换为普通图层，可以在背景图层上双击，弹出"新建图层"对话框，如图 0-51 所示，单击"确定"按钮，即可将锁定的背景图层转换为普通图层。

普通图层：使用【Ctrl+Shift+N】快捷键或在图层面板中单击"创建新图层"  按钮创建的图层，可以进行任何操作。

文字图层：使用"文字" T 工具时创建的图层，进行一些操作之前需要栅格化，使其转为普通图层。

形状图层：由"形状工具" 或"路径工具" 创建，内容保存在其蒙版中，如图 0-52 所示。

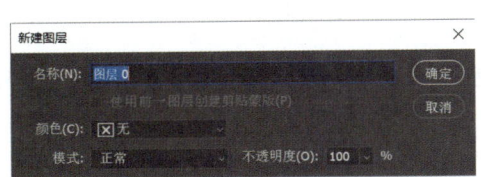

图 0-51　新建图层

图 0-52　形状图层

调整图层：在"调整"面板或单击图层面板下方的"创建填充或调整图层"按钮创建，此类图层可以在不改动原图层的情况下调整画面色调、曲线等效果。

填充图层：单击图层面板下方的"创建填充或调整图层"创建，与调整图层类似，内容使用纯色、渐变、图案等，通过编辑其蒙版可以在不改动原图层的情况下产生融合效果。

剪贴蒙版图层：右击图层选择"创建剪贴蒙版"即可创建剪贴蒙版图层，剪贴蒙版图层的颜色仅覆盖其下方图层的形状。

智能对象图层：右击图层选择"转换为智能对象"即可创建智能对象图层，可以保留图像的源内容及其所有原始特性，从而能够对图层执行非破坏性编辑。

0.3.3 图层的样式

制作金属质感图案

双击图层面板中相应图层的空白部分或单击图层面板下方的"添加图层样式"按钮即可编辑图层样式，可以对图层添加一些特殊的效果，例如斜面和浮雕、光泽、渐变叠加、描边、投影等，也可以利用混合选项创造图层纹样的混合，"图层样式"对话框如图 0-53 所示。下面通过制作金属质感图案来学习图层样式的使用方法。

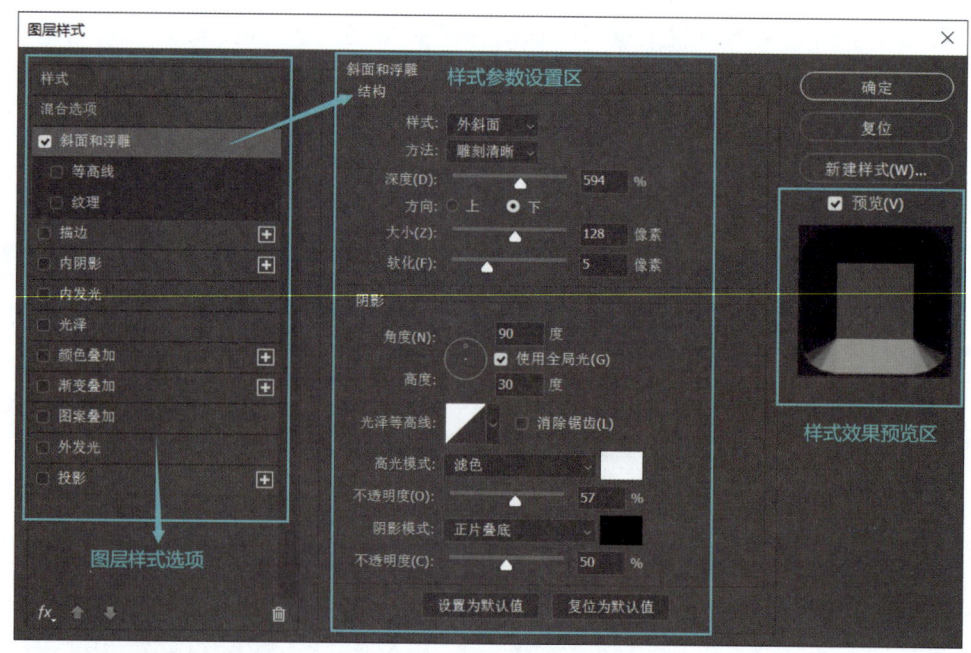

图 0-53　图层样式窗口

步骤 1　绘制图案。新建文档，高宽为 24 厘米 ×24 厘米，分辨率为 72 像素 / 英寸，将背景色填充为黑色，在背景层上方新建一个普通图层。单击工具箱中的"自定形状工具"，在属性栏中设置绘制模式为"像素"，选择"叶形装饰图案"，在新建图层上绘制图案，如图 0-54 所示。

步骤 2　添加斜面和浮雕图层样式。在图层面板中双击图案图层的空白处或单击图层面板底部的"添加图层样式" fx 按钮，打开"图层样式"对话框，如图 0-53 所示。在图层样式选项栏单击"斜面和浮雕"，在右侧的参数设置区调整设置各参数，参数设置及效果如图 0-55、图 0-56 所示。注意光泽等高线的选择，"环形""锥形"更能塑造金属质感，也可对等高线进行编辑。

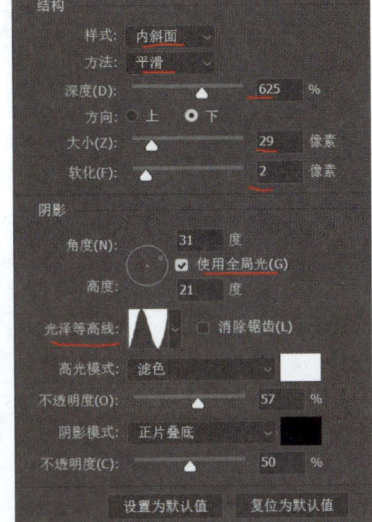

图 0-54　绘制图案　　　图 0-55　斜面和浮雕参数设置　　　图 0-56　斜面和浮雕效果

步骤 3　添加光泽和渐变叠加图层样式。单击图层面板底部的"添加图层样式" fx 按钮，打开"图层样式"对话框，在图层样式选项栏单击"光泽"选项，在右侧的参数设置区调整设置各参数，并选择颜色效果，参数设置及效果如图 0-57 所示。用同样的方法，为图案添加"渐变叠加"图层样式，从中选择"铬黄渐变"，参数设置及效果如图 0-58 所示，至此，立体金属质感制作完成。

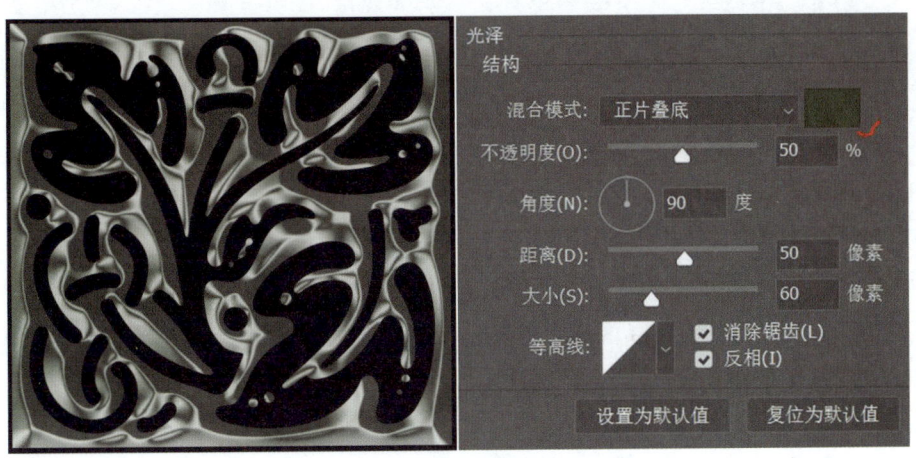

图 0-57　光泽效果及参数设置

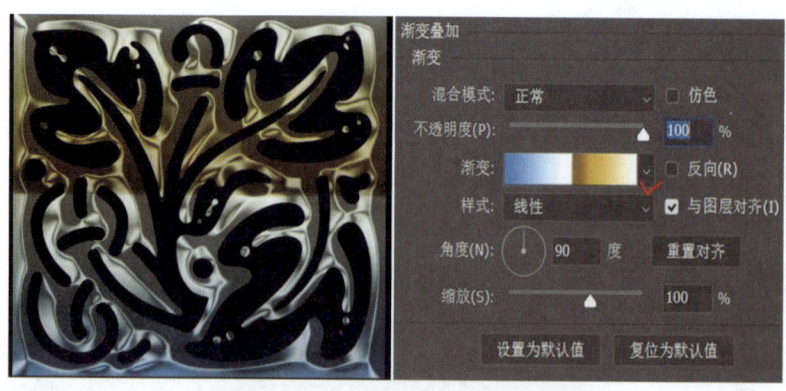

图 0-58　渐变叠加效果及参数设置

下面我们来学习描边、投影图层样式的使用。

步骤 1　输入文字。新建文档，高宽为 12 厘米 ×24 厘米，分辨率为 72 像素/英寸，背景色为白色。使用工具箱中的"文字工具" 在文档空白处单击，输入"Photoshop"，单击属性栏中的"切换字符和段落面板" 按钮，打开字符面板，设置字体为 Arial，字的大小为 120 点，文本颜色为湖蓝，其他参数使用默认设置，如图 0-59 所示。

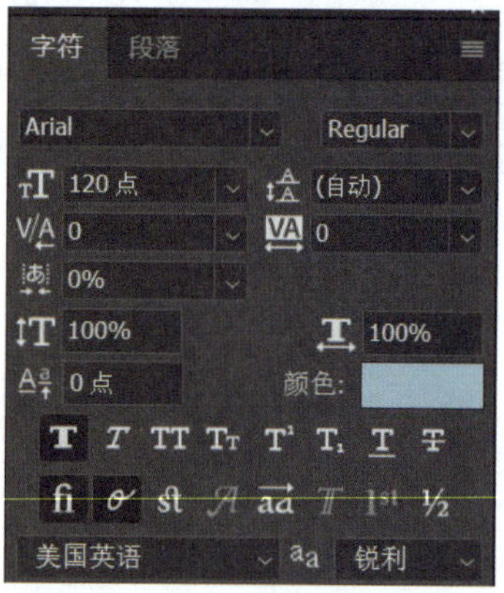

图 0-59　字符面板设置

步骤 2　添加描边图层样式。在图层面板双击文本图层的空白处，打开"图层样式"对话框，在图层样式选项栏单击"描边"选项，在右侧的参数区设置描边大小为"7 像素"，位置为"外部"，填充类型"图案"，从列表中选择合适的图案，单击"确定"按钮，效果及参数设置如图 0-60 所示。

步骤 3　添加投影图层样式。双击文本图层的空白处，打开"图层样式"对话框，在图层样式选项栏单击"投影"选项，在右侧的参数区设置投影混合模式为"正片叠底"，角度为"120 度"，距离为"30 像素"大小为"7 像素"，效果及参数设置如图 0-61 所示。

下面讲解利用图层样式的混合颜色带创造图层混合效果。

混合颜色带是用图像本身的灰度映射图像的透明度，可以设置"本图层"与"下一图层"的混合值，达到理想的混合效果，如图 0-62 所示。

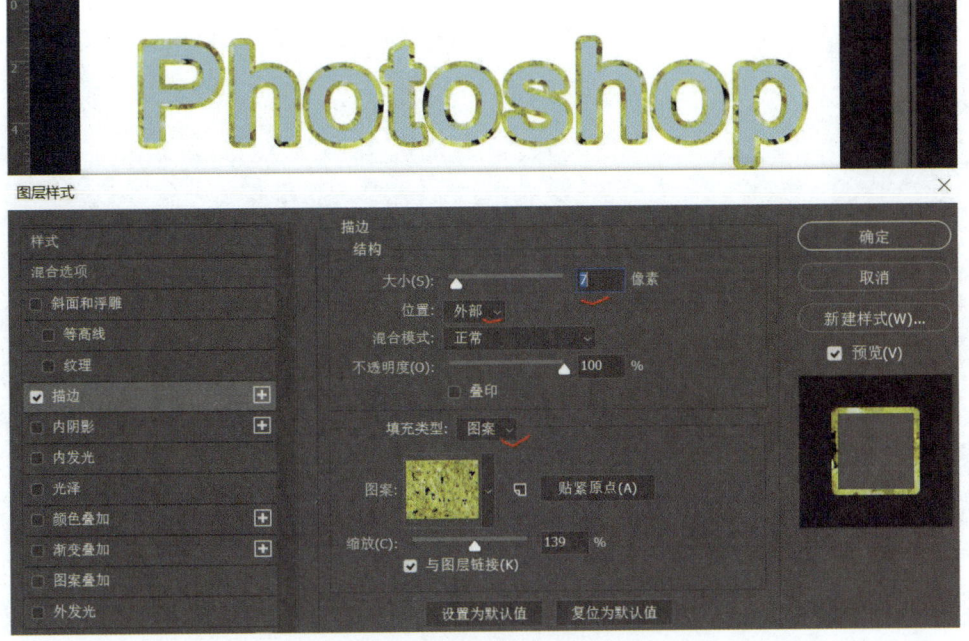

图 0-60 描边效果及参数设置

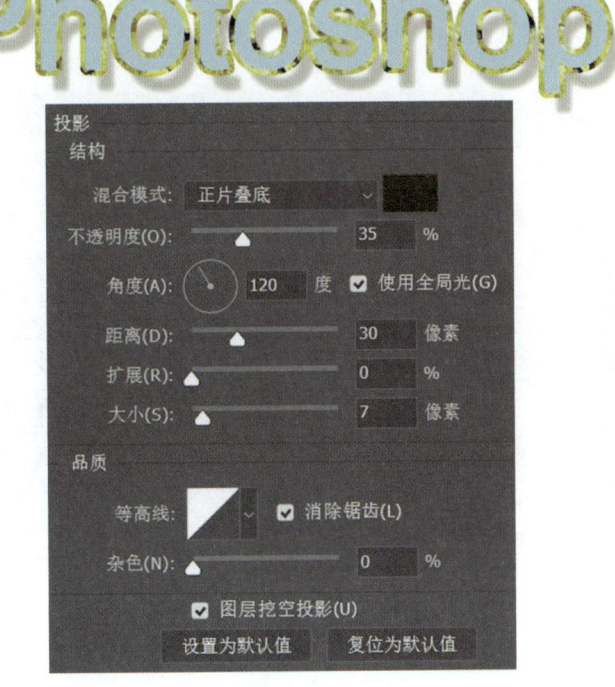

图 0-61 投影效果及参数设置

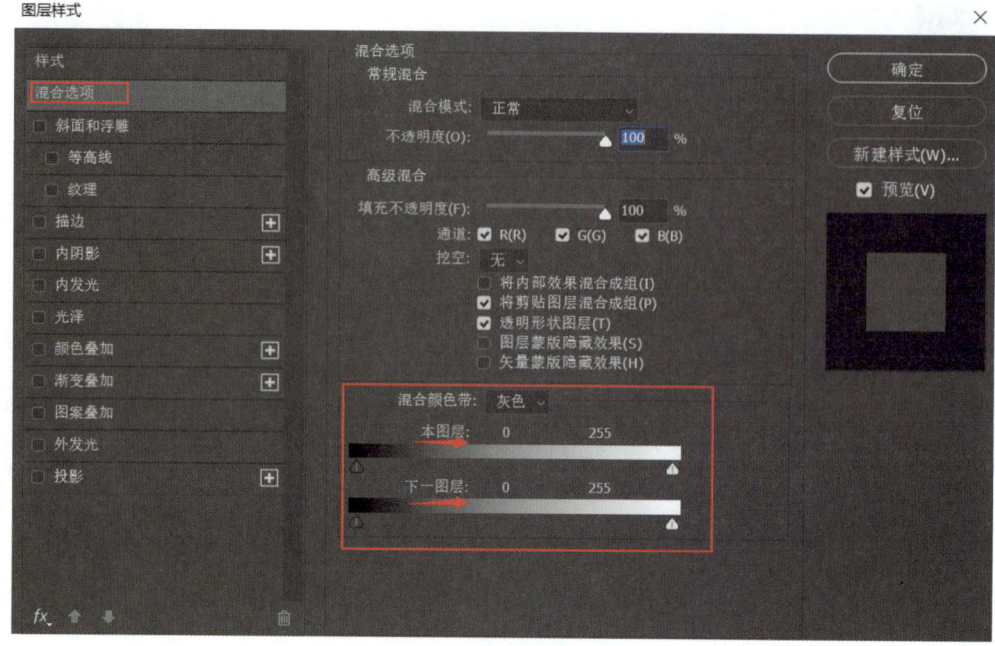

图 0-62 混合颜色带选项

步骤 1 分层放置素材。打开"背景花卉素材"文档,展开图层面板,在背景层上方新建一个普通图层,打开"人物服饰素材"文档,并复制粘贴到"背景花卉素材"新建的图层上,如图 0-63 所示。

图 0-63 分层放置素材

步骤 2 打开"图层样式"对话框。双击图层面板中人物服饰图层的缩略图,弹出"图层样式"对话框,对"混合颜色带"的参数进行设置,"混合颜色带"用来控制当前图层与其下面图层混合时,显示哪些像素。

步骤 3 设置图层样式的混合颜色带。"本图层"是指我们当前正在处理的图层。拖动"本图层"中两端的滑块,可以隐藏当前图层中的像素,从而显示出下面图层中的内容。

把"本图层"中左侧的黑色滑块向右移动时,当前图层中比该滑块所在位置暗的像素都会被隐藏。从而显示出下面图层的内容,如图0-64所示。把"本图层"中右侧的白色滑块向左移动时,当前图层中比该滑块所在位置亮的像素都会被隐藏,从而显示出下面图层的内容,如图0-65所示。

图0-64 本图层黑色滑块右移效果

图0-65 本图层白色滑块左移效果

"下一图层"是指当前图层下面的那个图层。拖动"下一图层"中的滑块,可以使下面图层中的像素穿透当前图层显示出来。

把"下一图层"中左侧的黑色滑块向右移动时,下一图层中比滑块当前位置暗的像素就会穿透"本图层"而显示出来,如图0-66所示。把"下一图层"中右侧的白色滑块向左移动时,下一图层中比滑块当前位置亮的像素就会穿透本图层而显示出来,如图0-67所示。

图0-66 下一图层黑色滑块右移效果

图0-67 下一图层白色滑块左移效果

混合颜色带:在该选项下拉列表中可以选择控制混合效果的颜色通道。选择"灰色",表示使用全部颜色通道控制混合效果,也可以选择一个颜色通道来控制混合效果。

步骤4 设置混合效果。将"本图层"中左侧的黑色滑块向右移动,数值为"52",将"下一图层"中左侧的黑色滑块向右移动,数值为"48",得到混合效果如图 0-68 所示。此时,我们发现两个图层的混合效果生硬,且边缘锐利,过渡不够自然柔和,按住【Alt】键拖动滑块,即可将其拆分,分离越大,过渡越柔和,效果如图 0-69 所示。

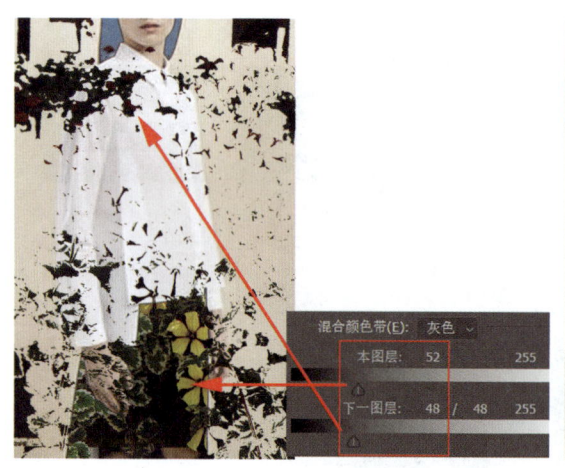 

图 0-68 本图层与下一图层黑色滑块右移效果　　图 0-69 降低混合颜色带的锐化

0.3.4 图层的混合模式

图层的混合模式是指当前图层与底层图层中像素的混合方式,恰当地使用混合模式可以在简化操作的同时获得更好的效果。图层的混合模式丰富多样,被划分为六大类,如图 0-70 所示。

图 0-70 图层的混合模式的分类

下面我们将通过案例具体讲解利用图层混合模式制作花朵闪光效果。

利用图层混合模式制作花朵闪光

步骤 1 打开素材。选择"文件"→"打开"菜单命令，打开"绣球 .jpg"素材文件，如图 0-71 所示。

步骤 2 放入闪光的星星。选择"文件"→"打开"菜单命令，打开"星星 .jpg"素材文件，如图 0-72 所示。使用"移动工具" 将星星图像拖到"绣球 .jpg"文件中，按【Ctrl+T】组合键进行自由变换，调整到合适的大小和位置，如图 0-73 所示。

步骤 3 创建选区。单击"图层"面板中"图层 1"左侧的眼睛图标隐藏该图层，如图 0-74 所示。选择工具箱中的"套索工具" ，粗选出花朵的轮廓，如图 0-75 所示。

图 0-71　绣球

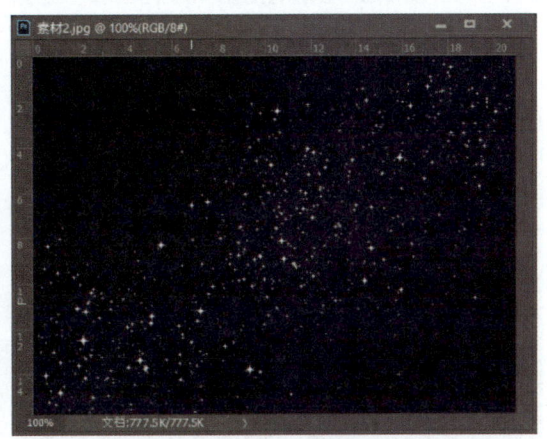

图 0-72　星星

图 0-73　放置星星

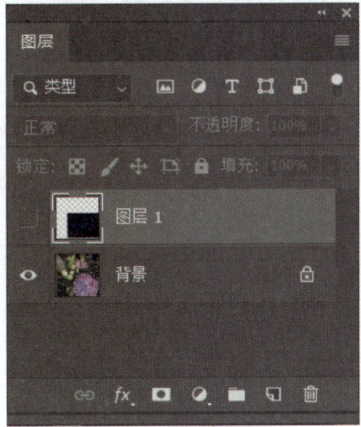

图 0-74　隐藏图层

步骤 4 删除多余图像。单击"图层"面板中"图层 1"左侧的眼睛图标显示该图层，如图 0-76 所示。执行"选择"→"反向"菜单命令，选中花以外多余的部分，如图 0-77 所示。按【Delete】键删除多余图像，如图 0-78。按【Ctrl+D】组合键取消选区。

步骤 5 调整图层混合模式。设置该图层的混合模式为"滤色"，效果如图 0-79 所示。

• 29 •

图 0-75 花朵选区

图 0-76 显示图层

图 0-77 选中花朵以外部分

图 0-78 删除多余图像

图 0-79 闪光的花朵

0.3.5 填充和调整图层

"调整图层"可以进行调整的内容与"图像"菜单中"调整"子菜单大致相同,区别在于"调整图层"是一个独立的图层,可以在不改动下面图层的情况下对图像进行整体色阶、反相、色调分离等效果控制;而"图像"菜单中的"调整"则是直接对图层进行修改。"填充图层"则是在不破坏原图像的基础上进行图案、渐变等填充。"调整图层"和"填充图层"可以在"调整"面板或单击"图层"面板下方的"创建填充或调整图层"  按钮创建。

下面我们将使用调整图层来制作光怪陆离的室内效果。

步骤1 打开素材。选择"文件"→"打开"菜单命令,打开"室内.jpg"素材文件,如图0-80所示。接下来要给图像添加室内的彩色光线效果。

图0-80 室内

步骤2 新建调整图层。单击"图层"面板下方的"创建新的填充或调整图层"按钮,选择"渐变…",弹出"渐变填充"对话框,设置渐变参数如图0-81所示。单击"确定"按钮,创建调整图层,如图0-82所示。

步骤3 更改图层不透明度。在图层面板中设置调整图层的不透明度为70%,如图0-83所示。

步骤4 更改图层混合模式。在图层面板中设置图层混合模式为"线性光",最终效果如图0-84所示。

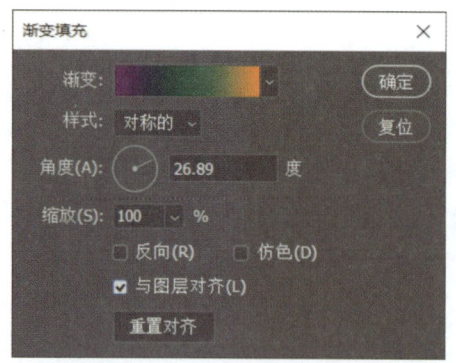

图 0-81 "渐变填充"对话框

图 0-82 渐变填充图层效果

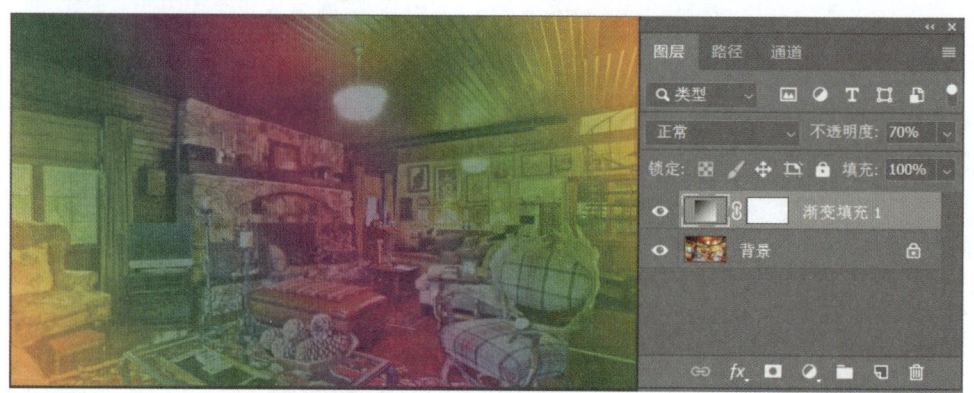

图 0-83 设置图层的不透明度

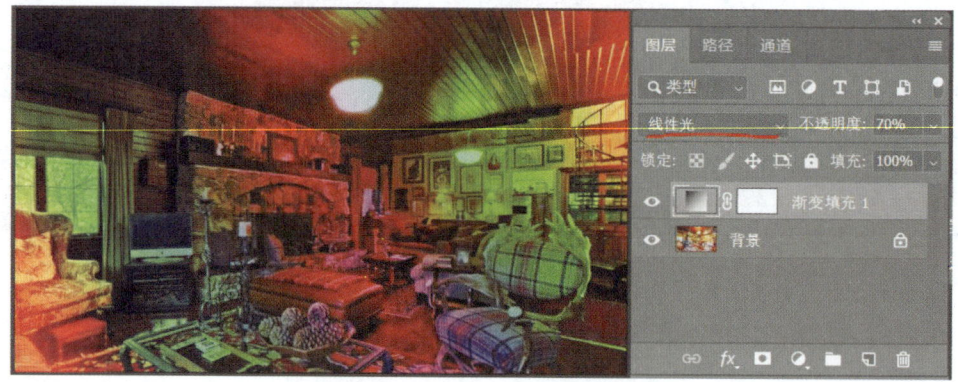

图 0-84 图层混合模式线性光

聚光灯效果

下面我们使用调整图层来制作光线强调效果。

步骤 1 打开素材。选择"文件"→"打开"菜单命令,打开"调色盒.jpg"文件,如图 0-85 所示。

步骤 2 新建渐变调整图层。单击图层面板下方的"创建新的填充或调整图层"按钮,选择"渐变…",弹出"渐变填充"对话框,设置参数如图 0-86 所示,单击"确定"按钮,创建调整图层。

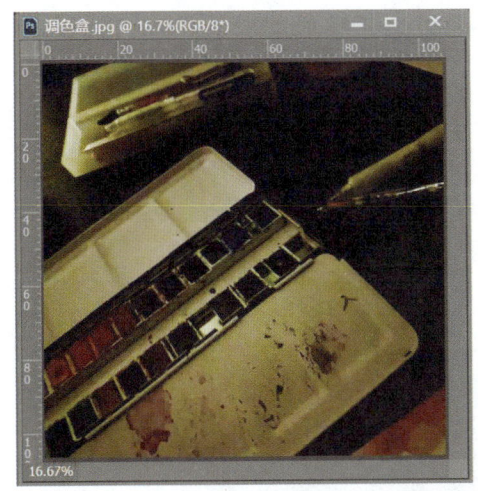

图 0-85　调色盒

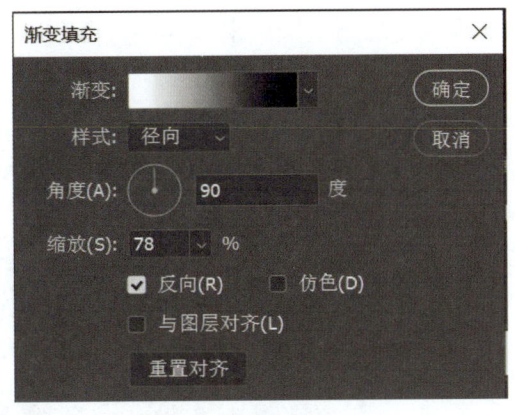

图 0-86　设置渐变填充

步骤 3　更改混合模式和不透明度。设置填充图层的混合模式为"正片叠底",不透明度为 80%,最终效果如图 0-87 所示。

图 0-87　设置图层混合模式及透明度

0.4　通道与蒙版

通道与蒙版是 Photoshop 的重要功能。通道既能保存图像的颜色信息,也能辅助复杂物体抠像使用;蒙版可以在不同图像中制作出多种效果,也能完成高品质的影像合成。

0.4.1　通道的概念及种类

通道是选择区域的映射。在不同的图像模式下,通道是不一样的。通道层中的像素颜色是由一组原色的亮度值组成的,是一种灰度图像。通道的主要功能是保存图像的颜色信息，也可以用来存放和编辑选区。在 Photoshop 中，通道分为三种，分别是颜色信息通道、Alpha 通道和专色通道。

颜色信息通道：用来保存图像颜色信息。图像的颜色模式决定了所创建的颜色通道的数目，例如，RGB 图像的每种颜色（红色、绿色和蓝色）都有一个通道，并且还有一个 RGB 复合通道，无论改变 R、G、B 哪个通道的颜色数据，都会迅速反映到 RGB 复合通道中。图 0-88 所示为原图像，图 0-89 所示为隐藏"蓝"通道的"通道"面板和隐藏"蓝"通道后的图像效果。

图 0-88　原图

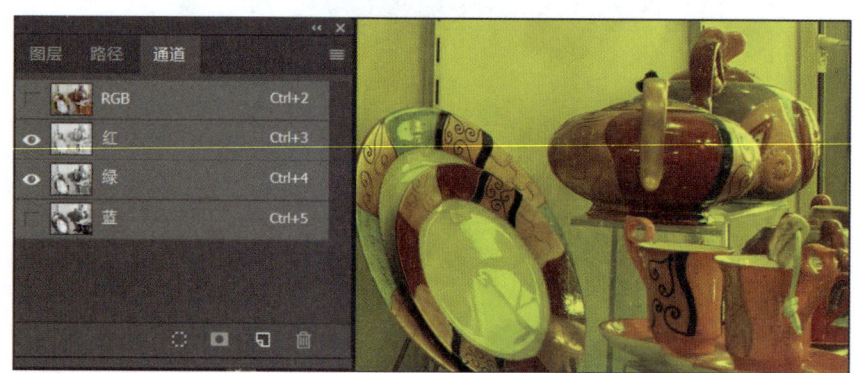

图 0-89　隐藏"蓝"通道的面板及隐藏"蓝"通道后的效果

Alpha 通道：需要单独建立的通道，可以将图像上的选区作为蒙版保存在 Alpha 通道中，通道是补充选区的一种方式。

专色通道：指定用于专色油墨印刷的附加印版。

0.4.2　通道面板及其应用

通道面板如图 0-90 所示，单击其中单个通道将会只显示该通道的图像信息。这里显示的是打开图片时默认创建的颜色信息通道，创建选区后单击"将选区存储为通道"按钮创建的是 Alpha 通道。利用通道可以存储和创建选区，也适用于给色彩差异大的图像快速进行抠图操作，下面将通过一个案例讲解利用通道抠图的方法。

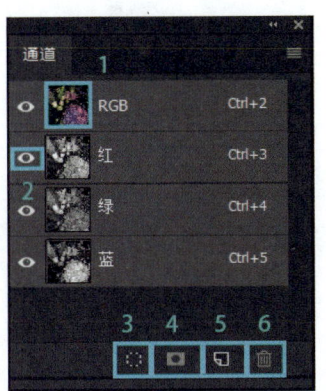

通道抠图

1—通道缩略图；2—指示通道可见性；3—将通道作为选区载入；
4—将选区存储为通道；5—创建新通道；6—删除当前通道
图 0-90　通道面板

步骤 1　打开素材。选择"文件"→"打开"菜单命令，打开"秀发.jpg"素材文件，如图 0-91 所示。

图 0-91　秀发

步骤 2　选择合适的通道。在通道面板中单击各个通道查看效果，如图 0-92 所示分别为红、绿、蓝三个通道的效果，选择其中头发和背景对比最强烈的红通道进行复制，得到"红拷贝"通道，如图 0-93 所示。

步骤 3　增强对比。选择"红拷贝"通道，单击"图像"→"调整"→"反相"菜单命令，效果如图 0-94 所示。执行"图像"→"调整"→"色阶"菜单命令，在"色阶"对话框中增强黑白对比，如图 0-95 所示。使用画笔工具涂抹，加强头发的整体白色和背景的统一黑色，同时注意保留边缘发丝的细节，如图 0-96 所示。

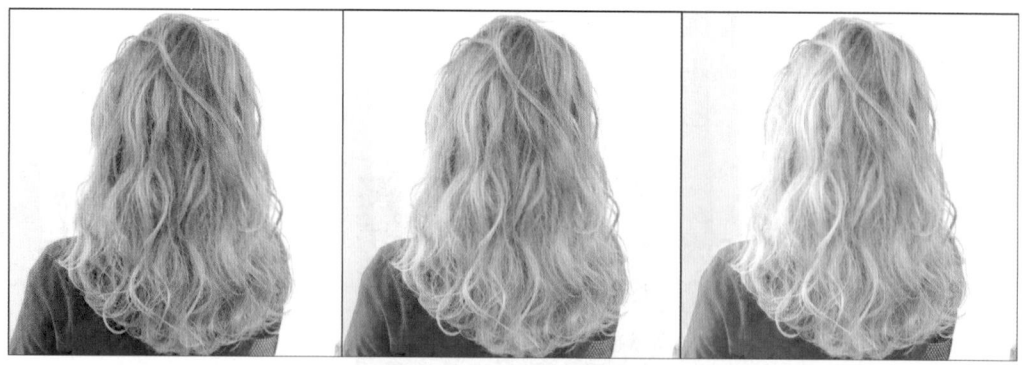

图 0-92　红、绿、蓝三个通道的效果

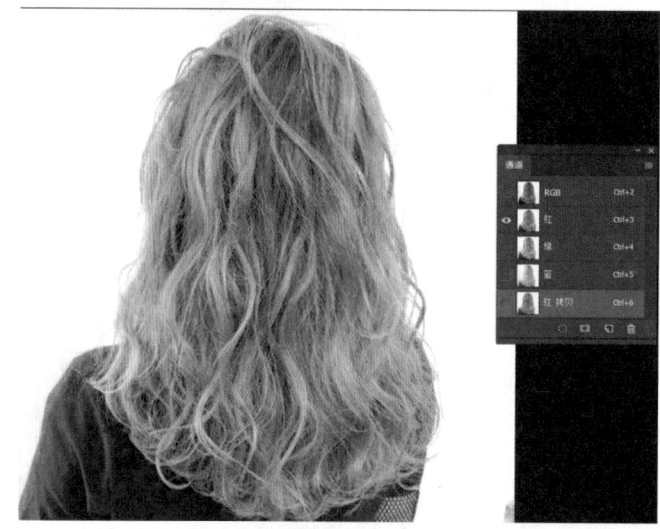

图 0-93　"红拷贝"通道及效果

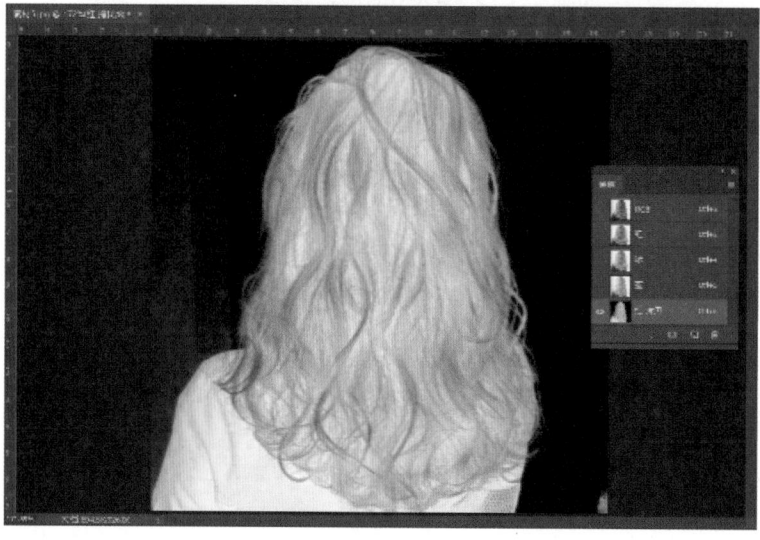

图 0-94　反相效果

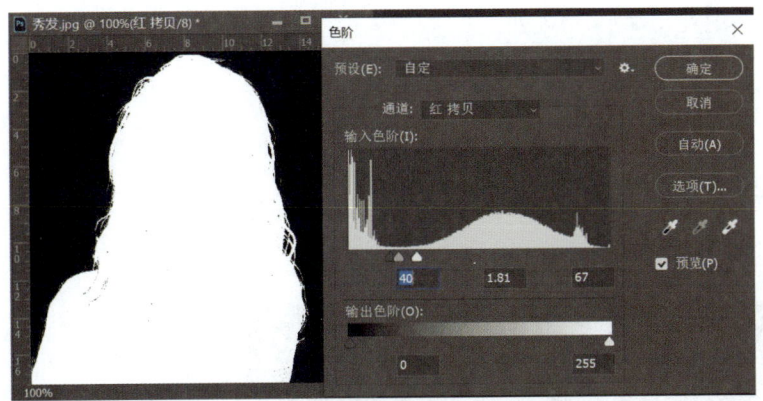

图 0-95 调整"红拷贝"通道色阶

步骤 4 载入选区。按住【Ctrl】键并单击"红拷贝"通道层的缩略图,将头发的部分载入选区,如图 0-97 所示。单击 RGB 通道,回到原本的图像,如图 0-98 所示。

图 0-96 画笔涂抹加强黑白

图 0-97 获得头发选区

步骤 5 提取图像。选择"图层"→"新建"→"通过拷贝的图层"菜单命令(或按【Ctrl+J】组合键),将所选区域复制到一个新的图层中,隐藏背景图层,效果如图 0-99 所示。

图 0-98 回到总通道

图 0-99 通过拷贝的图层

下面讲解利用通道制作光芒四射的效果。

利用通道制作光芒四射的效果

步骤1 打开素材。选择"文件"→"打开"菜单命令,打开"建筑.jpg"素材文件,如图0-100所示。

步骤2 选择合适的通道。在通道面板中单击各个通道查看效果,选择其中黑白对比最强烈的蓝通道进行复制,得到"蓝拷贝"通道,如图0-101所示。

图0-100 建筑　　　　　　　　　　　图0-101 "蓝拷贝"通道

步骤3 调整"蓝拷贝"通道的色阶。按【Ctrl+L】组合键,打开色阶对话框,调整"蓝拷贝"通道的黑白关系,使黑色更黑并扩大面积,让白色更白,保留适当灰度层次,如图0-102所示。

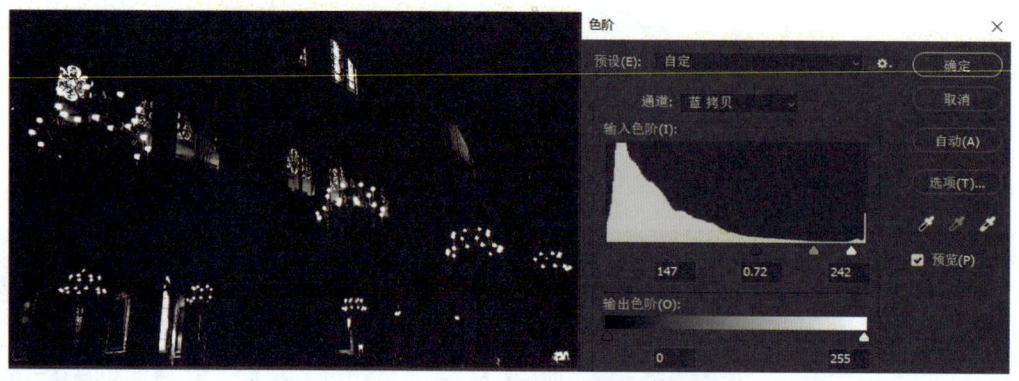

图0-102 调整"蓝拷贝"通道的色阶

步骤4 使用滤镜制作径向模糊。选择"滤镜"→"模糊"→"径向模糊"菜单命令,打开"径向模糊"对话框,设置数量为"42",模糊方法为"缩放",将模糊的中心点稍稍朝上移动,如图0-103所示,单击"确定"按钮,"蓝拷贝"通道的模糊效果如图0-104所示。如果觉得模糊效果不够强烈,可以多次执行径向模糊。

步骤5 载入"蓝拷贝"通道选区并新建图层。按住【Ctrl】键并单击"蓝拷贝"通道层的缩略图，将外发光的模糊灰度载入选区，单击 RGB 通道，回到原本的图像，如图 0-105 所示。单击图层面板底部的"创建新图层"按钮，在建筑背景层上方新建"图层 1"，如图 0-106 所示。

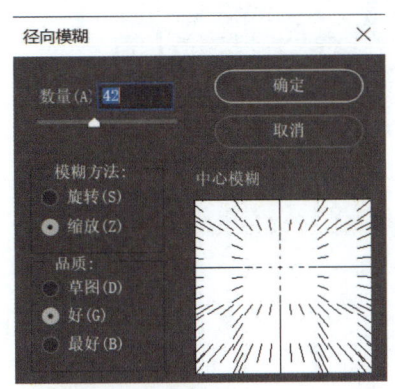

图 0-103 径向模糊参数设置

图 0-104 模糊效果

图 0-105 回到 RGB 总通道

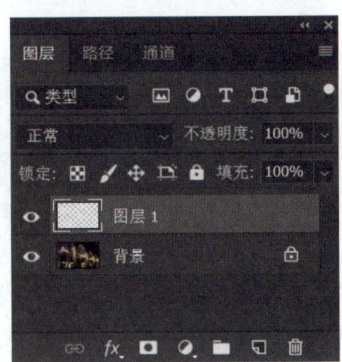

图 0-106 新建图层

步骤 6　制作光芒四射的效果。选中"图层 1"，确保"蓝拷贝"通道的模糊选区已载入，设置前景色为白色，按【Ctrl+Delete】组合键，为"图层 1"填充白色，为了得到满意的效果，可以多填充几次，调整"图层 1"的透明度为 90%，使之与背景更好地融合。最终效果如图 0-107 所示。

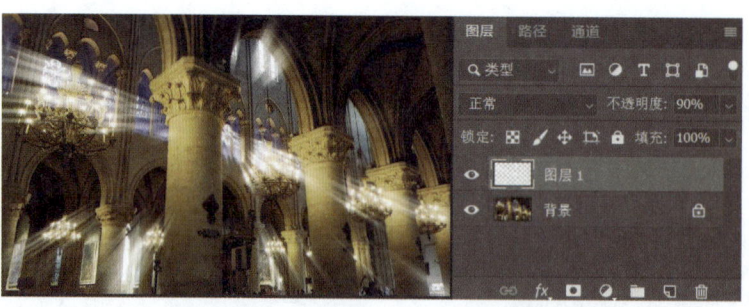

图 0-107 光芒四射的效果

0.4.3 蒙版的概念

蒙版是 Photoshop 的一项高级功能。它可以在不改变原始素材的条件下，帮助设计师方便地进行工作项目的二次编辑。同时，基于蒙版自身的可编辑属性，还可以将蒙版与素材相结合，来制作图层特效。

0.4.4 蒙版的使用

图层蒙版的编辑

蒙版可以使用任意编辑或绘画工具进行修改，并且通过更改黑白灰颜色来选择隐藏或显示图层。若要从蒙版中减去并显示下方图层，请将蒙版涂成白色。若要向蒙版中添加并隐藏图层或组，请将蒙版涂成黑色，下方图层变为可见。若要使图层部分可见，显示半透明效果，请将蒙版涂成灰色。下面讲解创建编辑蒙版的方法。

步骤 1 打开素材。选择"文件"→"打开"菜单命令，打开"蔷薇 .jpg"和"镜子 .jpg"素材文件，如图 0-108 所示。将镜子图层拖动到花朵图层上，按【Ctrl+T】组合键进行自由变换，调整镜子的大小，使构图美观，如图 0-109 所示。

图 0-108 打开素材

步骤 2 创建蒙版。单击图层面板下方的"添加图层蒙版" 按钮，给镜子图层添加一个蒙版，如图 0-110 所示。

图 0-109　调整镜子大小

步骤 3　编辑蒙版。使用"魔棒工具" ，选中镜子中间的白色部分，单击蒙版缩览图，再使用"油漆桶工具" ，将选区填充为黑色，这时蒙版缩略图上显示该区域为黑色，表示图层被隐藏，露出下方图层的蔷薇，如图 0-111 所示。如果要部分显示下方图层，可以将选区填充为灰色，下方图层将以半透明的方式显露出来，如图 0-112 所示。

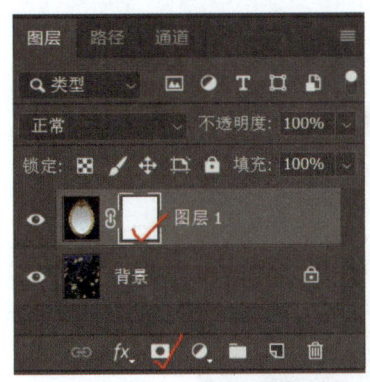

图 0-110　添加图层蒙板

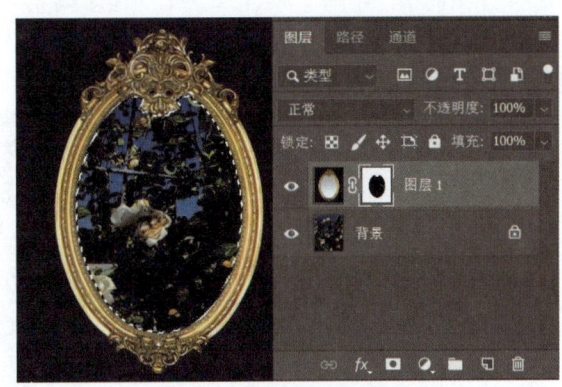

图 0-111　填充蒙版黑色效果

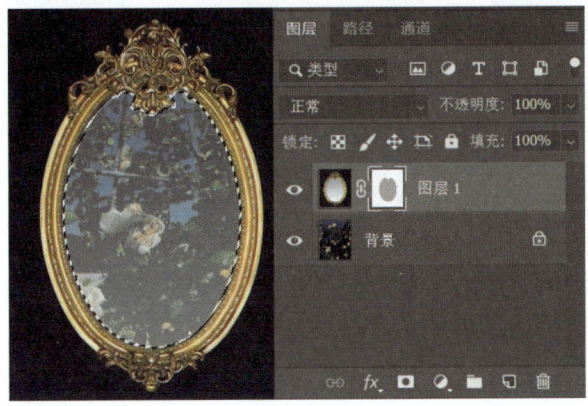

图 0-112　填充蒙版灰色效果

接下来介绍剪贴蒙版的使用方法。

剪贴蒙版的
使用方法

步骤 1 新建文档。新建一个空白文档，使用"文字工具" T 创建一个文字图层，如图 0-113 所示。

步骤 2 打开素材。选择"文件"→"打开"菜单命令，打开"光影 .jpg"素材文件，将光影图像拖到刚刚新建的文字图层上方，按【Ctrl+T】组合键调整图片大小，如图 0-114 所示。

图 0-113　创建文字图层　　　　　　　图 0-114　放置光影图层

步骤 3 创建剪贴蒙版。单击"图层"→"创建剪贴蒙版"菜单命令或者按住【Alt】键单击图层面板中两个图层中间的区域创建剪贴蒙版，效果如图 0-115 所示。

图 0-115　创建剪贴蒙版

0.4.5　通道与蒙版综合运用

复杂轮廓抠图

在 Photoshop 中，通道与蒙版经常联合使用，可以更好地进行复杂图像的抠图，并使图像融合自然。下面我们学习使用通道与蒙版相结合进行抠图的案例，此案例讲解如何将复杂的花草从背景中提取出来。

步骤 1 打开素材。选择"文件"→"打开"菜单命令，打开"夏日风光 .jpg"素材文件，如图 0-116 所示。

步骤 2 复制通道。分别查看红、绿、蓝三个通道，通过对比发现"蓝"通道具有明显的黑白关系，更便于从背景中提取花草的轮廓进行抠像，拖动"蓝"通道到面板底部的"创建新通道"按钮,得到复制的"蓝拷贝"通道层,效果如图 0-117 所示。

图 0-116　夏日风光素材

图 0-117　复制"蓝"通道

步骤 3　编辑通道。选中"蓝拷贝"通道层,按【Ctrl+L】组合键打开"色阶"对话框,拖动滑块,使白色区域更白,黑色区域更黑,中间灰度的部分变亮些,处于 1.22,设置如图 0-118 所示,使画面几乎只有黑白关系,单击"确定"按钮。

图 0-118　设置"蓝拷贝"通道色阶

步骤 4　载入选区。在按住【Ctrl】键的同时,单击"蓝拷贝"通道层的缩略图,即可将其载入选区,此时选中的是白色背景,然后按【Ctrl+Shift+I】组合键进行反选,得到花草形态选区。单击 RGB 通道,回到原本的图像,如图 0-119 所示。

图 0-119　回到总通道

步骤 5　通过拷贝的图层。选择"图层"→"新建"→"通过拷贝的图层"菜单命令，快捷键为【Ctrl+J】，得到保存花草形态的新图层，如图 0-120 所示。我们发现花草的边缘过于尖锐，隐藏刚刚拷贝的图层。

图 0-120　通过拷贝的新图层

步骤 6　调整修饰边缘。再次将"蓝拷贝"通道载入选区，单击 RGB 总通道，单击背景图层，打开"选择并遮住"对话框，针对花草选区锯齿过于尖锐的特点，在"边缘检测"选项中设置"半径"为 27，勾选"智能半径"；在"全局调整"选项组中设置"平滑"为 13，"羽化"为 1.5 像素，"移动边缘"为 -15%；之后输出到带有图层蒙版的图层，如图 0-121 所示。单击"确定"按钮，得到带有图层蒙版的图层，如图 0-122 所示。

图 0-121　调整修饰选区边缘

图 0-122　输出到带有蒙版的图层

步骤 7　去除花草之外的残留景物。选中蒙版，用 90 像素，硬度为 0 的黑色大笔刷将花草之外的景物清除；用 60 像素，不透明度为 50% 的柔边缘、白色画笔找回茅草丢失的一些细节，效果如图 0-123 所示。对当前图层应用图层蒙版。

图 0-123　最后的抠图效果

0.5　路径

路径工具是一种矢量绘图工具，不仅可以用来创建精确的选区，还可以绘制图形，也可以运用路径排列编辑文字。本节主要讲解路径工具的应用。

0.5.1　路径工具介绍

路径工具包括三组：路径工具、形状工具和路径选择工具。"路径"在 Photoshop 中是使用贝赛尔曲线所构成的一段闭合或者开放的曲线段。路径由一个或多个直线段或曲线段组成，锚点标记路径段的端点，在曲线段上，每个选中的锚点显示一条或两条方向线，方向线以方向点结束，方向线和方向点的位置决定曲线段的大小和形状。移动锚点或方向点将改变路径中曲线的形状。路径的组成如图 0-124 所示。

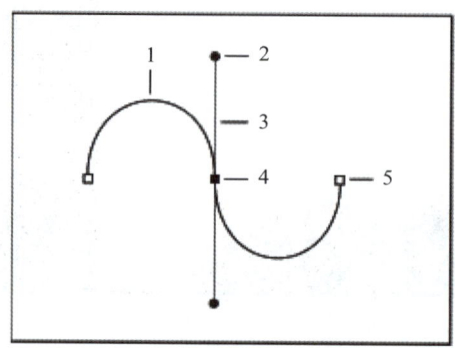

1 — 曲线段；2 — 方向点；3 — 方向线；4 — 选中的锚点；5 — 未选中的锚点

图 0-124　路径的组成

路径可以是闭合的，没有起点或终点（例如，圆圈）；也可以是开放的，有明显的端点（例如，波浪线），如图 0-125 所示。

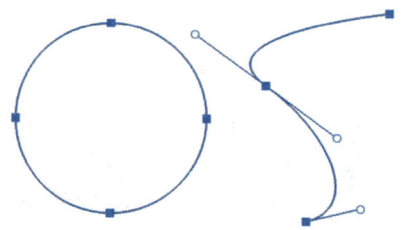

图 0-125　封闭路径及开放路径

平滑曲线由称为平滑点的锚点连接，锐化曲线路径由角点连接，如图 0-126 所示。

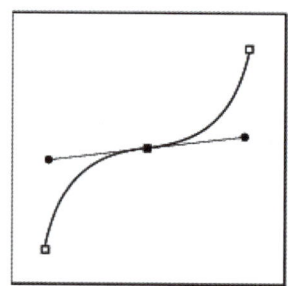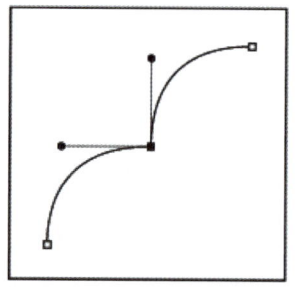

图 0-126　平滑点与角点形成不同的路径线段

当在平滑点上移动方向点时，将同时调整平滑点两侧的曲线段。相比之下，当在角点上移动方向点时，只调整与方向线同侧的曲线段，如图 0-127 所示。

路径不必是由一系列线段连接起来的一个整体，它可以包含多个彼此完全不同而且相互独立的路径组件。形状图层中的每个形状都是一个路径组件，如图 0-128 和图 0-129 所示。

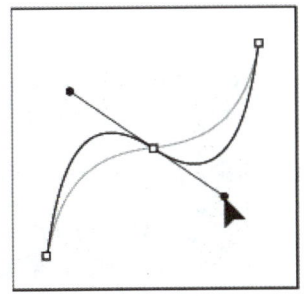 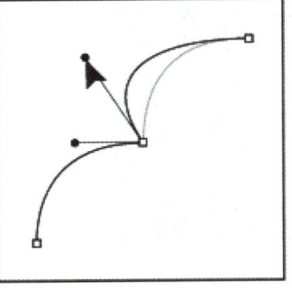

图 0-127　移动不同的方向点

图 0-128　相互独立不相连的路径

图 0-129　形状图层中的独立路径

0.5.2　路径面板

在路径面板中，可以新建、存储、删除路径，也可以将路径转换为选区，为路径描边、填充路径等。路径面板如图 0-130 所示。

"钢笔工具"是最基本最常用的路径绘制工具，也是所有路径工具中绘制最精确的工具，在工具箱中选择"钢笔工具"，在图像上单击，即可绘制一个路径起点，用鼠标在另一个位置单击，两点之间就可形成一条直线，若单击鼠标后拖动鼠标移动位置则会形成曲线，继续绘制其他节点，当终点和起点重合时，鼠标指针右下方便会出现一个小圆圈，表示封闭路径。绘制的路径在路径面板中自动生成"工作路径"层，双击路径面板中的"工作路径"，即可打开"存储路径"对话框，可以为路径重新命名并存储，如图 0-131 所示。

图 0-130 路径面板

1—用前景色填充路径
2—用画笔描边路径
3—将路径作为选区载入
4—从选区生成工作路径
5—添加图层蒙版
6—创建新路径
7—删除当前路径

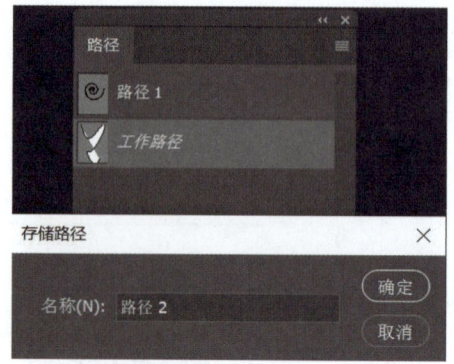

图 0-131 存储路径

若要结束开放路径的绘制,可按住【Ctrl】键单击路径以外的任何位置。要闭合路径,将指针移到路径的第一个节点上,则指针右下方会出现一个小圆圈。

0.5.3 描边路径

我们可以使用画笔、铅笔、橡皮擦、仿制图章等绘图工具对路径进行描边。选中画笔工具,设置颗粒化的笔刷,选择要描边的路径,单击路径面板底部的"用画笔描边路径"按钮,便会以默认方式进行描边;若想对描边进行设置,可以选择路径面板菜单中的"描边路径"对话框,在此对话框中选择一种描绘工具即可用前景色对路径描边。路径、"描边路径"对话框以及描边效果如图 0-132 至图 0-134 所示。

描边路径

图 0-132 描边路径

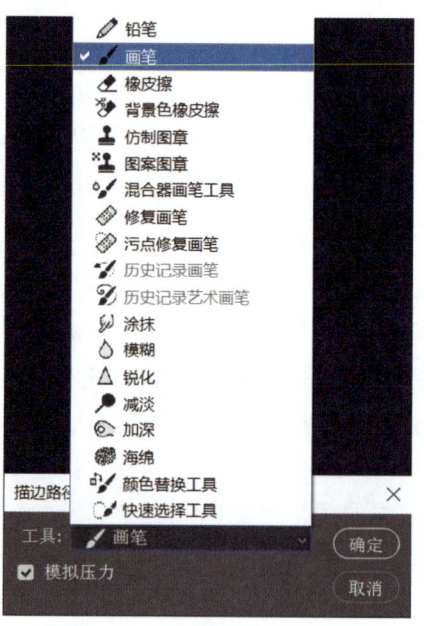

图 0-133 "描边路径"对话框

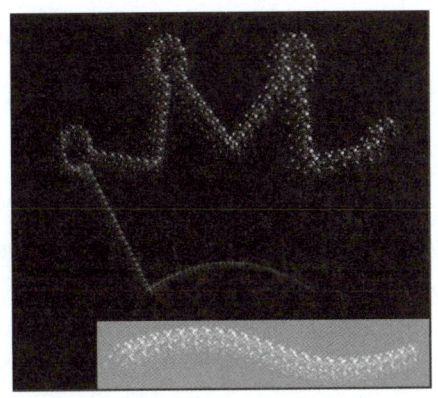

图 0-134　描边效果

0.5.4　沿路径排文

在 Photoshop 中设计一些特殊文字排列时，除了使用"创建文字变形"进行设置，还可以使用沿路径排文的方法，路径可以是封闭的也可以是开放的。这里我们讲解沿封闭路径排文的方法。

步骤 1　绘制路径，输入文字。选择"椭圆工具"，设置属性栏"选择工具模式"为"路径"，如图 0-135 所示。拖动鼠标在画面中绘制一个椭圆，选择"文字工具"，将鼠标移至路径外侧并单击鼠标，输入"辽阔的草原我们美丽的家"，如图 0-136 所示。

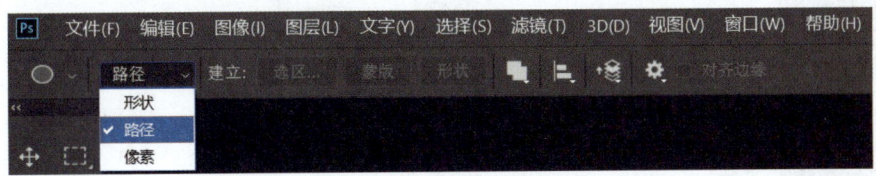

图 0-135　选择路径选项

步骤 2　调整文字在路径上的位置。选中工具箱中的"路径选择工具"，在路径外侧文字的起点处拖动鼠标往下滑动，将文字调整到对称，如图 0-137 所示。至此完成沿路径排文。开放路径的排文方法与封闭路径排文相同，在封闭路径内输入文字后，可以通过调整路径形状改变文字的排版。

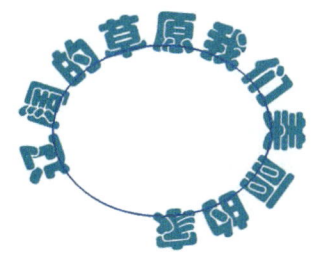

图 0-136　输入文字

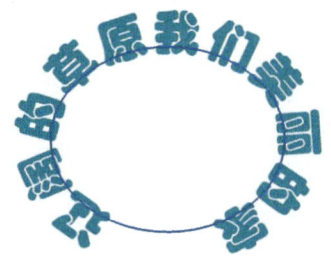

图 0-137　调整文字对称

0.6 色彩调整

Photoshop 拥有强大的色彩调整功能,可以通过菜单命令瞬间让画面色彩变换,广泛应用于图片偏色校正、创作中的色调变换等。相比在纸上绘画改变颜色,Photoshop 中的色彩调整操作更简单,效果更丰富。下面详细讲解色彩调整的基本方法以及曲线、色阶、饱和度等高级调色法。

0.6.1 基本色彩调整命令

基本色彩调整命令主要位于"图像"菜单命令中的"调整"子菜单中,包括亮度/对比度、曝光度、色彩平衡、色调均化、黑白等,如图 0-138 所示。同时也可以通过调整面板对图像色彩进行调整,如图 0-139 所示。

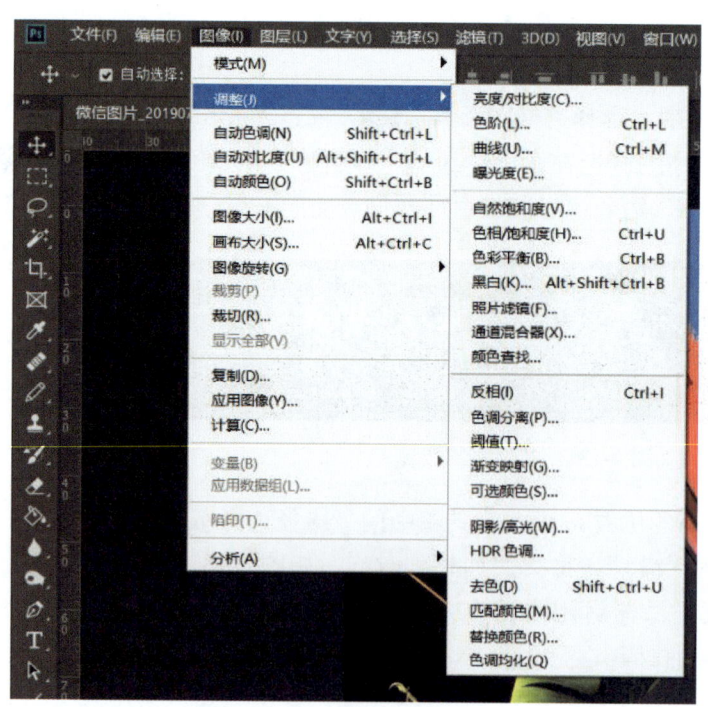

图 0-138　色彩调整菜单

图 0-139　调整面板

亮度/对比度:"亮度/对比度"命令可以对画面整体的亮度和对比度进行比较快速直观的调整,使画面黑白灰关系明确,色调明朗,如图 0-140 所示。

曝光度:"曝光度"命令用来调整图像的曝光及灰度系数。"曝光度"面板中包括三个选项,"曝光度""位移"和"灰度系数校正"。其中"曝光度"选项主要调节图像的高光端,数值越大,图像就越亮,直到过曝失去细节,类似于摄影中的曝光度。"位移"

选项用来调节图片中间调的明暗。"灰度系数校正"则是调整图片中的灰色部分，如图 0-141 所示。

图 0-140　亮度 / 对比度调整

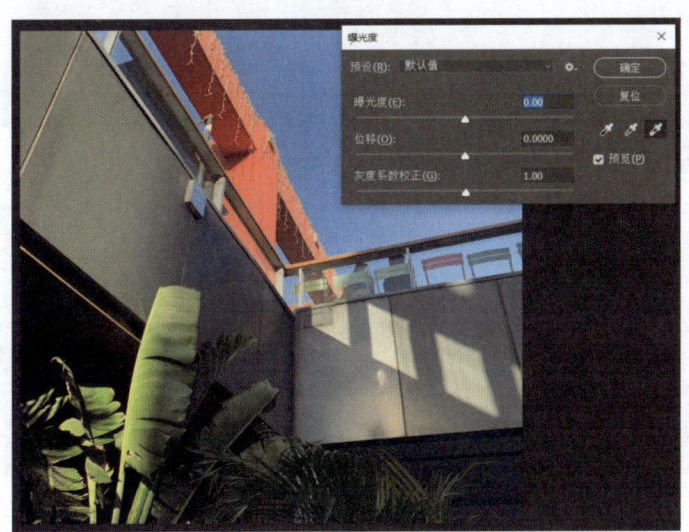

图 0-141　曝光度设置

色彩平衡："色彩平衡"命令用来控制图像的颜色分布，使图像达到色彩平衡的效果，三个选项分别是光学三原色红、绿、蓝和它们的补色，通过调整滑块的位置就可以调整图像的颜色分布。在下方的"色调平衡"中可以选择调整的色调范围，默认调整的是中间调的色彩平衡。下面通过一张偏蓝色的图片为例具体讲解色彩平衡的调整方法。

步骤 1　打开素材。打开"色彩平衡调整 .jpg"素材文件，如图 0-142 所示，选择"图像"→"调整"→"色彩平衡"菜单命令，或者按【Ctrl+B】组合键，打开"色彩平衡"

对话框，如图 0-143 所示。

图 0-142　色彩平衡调整前

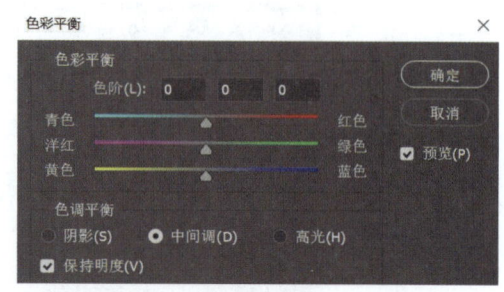

图 0-143　"色彩平衡"对话框

步骤2　色彩平衡调整。在"色彩平衡"对话框中分别调整"中间调""阴影""高光"色调范围的红、绿、蓝颜色数值，各颜色参数设置以及图片调整后的效果如图 0-144 所示。

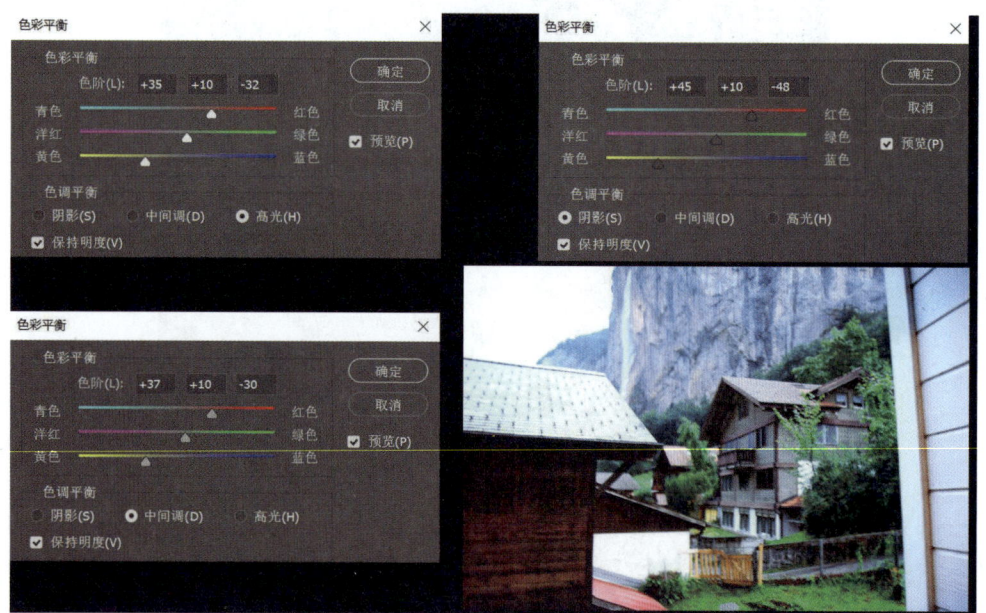

图 0-144　参数设置及调整后的效果

0.6.2　曲线

曲线是 Photoshop 中非常好用的色彩调整工具，整合了图像整体或局部的对比度、色调范围以及色彩的调节。曲线的调整基于改变横纵两轴上亮度的映射关系，横轴代表输入亮度，即图像本身亮度，从左至右表示由暗变亮，纵轴则代表输出亮度，即调整过后所需要的亮度，从下至上表示由暗变亮，如图 0-145 所示。

调整曲线就是将当前亮度上所有像素的亮度更改为纵轴所对应的亮度。初始状态下，曲线呈过原点斜率为 1 的一条直线，代表输出亮度等于输入亮度，对于同一输入亮度上的像素，向上调节曲线代表该像素输出亮度变大，如图 0-146 所示，向下调节代表输出亮度变小，如图 0-147 所示。以上是曲线调整的原理。

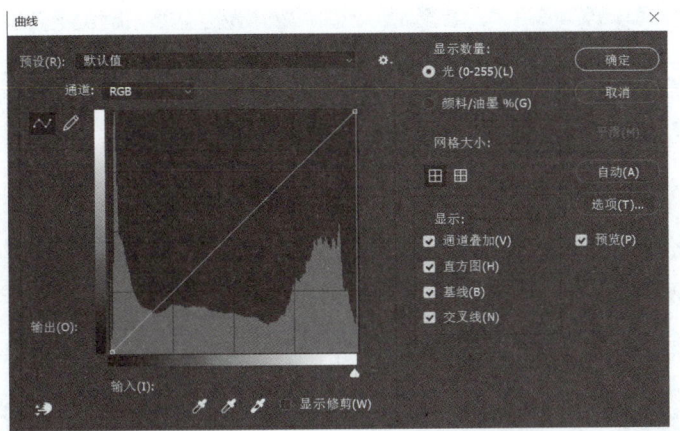

图 0-145　"曲线"对话框

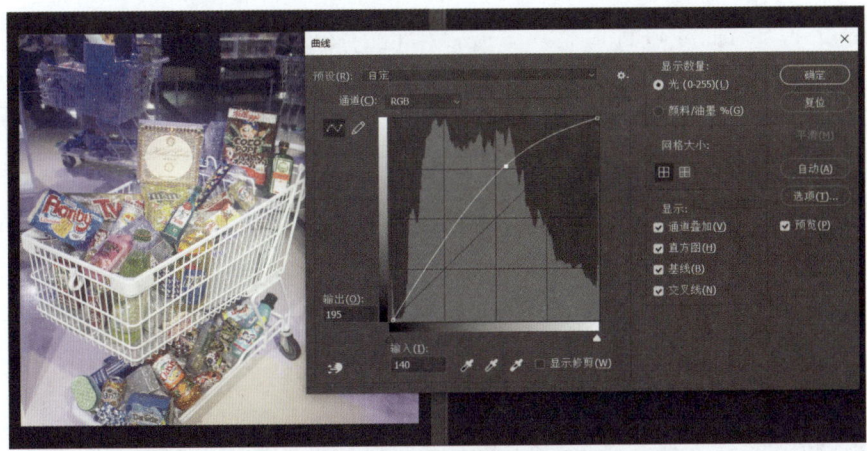

图 0-146　向上调整曲线使画面变亮

图 0-147　向下调整曲线使画面变暗

曲线默认调整复合通道，即改变图像的明暗，如果对单一通道进行调整，则可以改变图像的色彩关系，如图 0-148 所示。

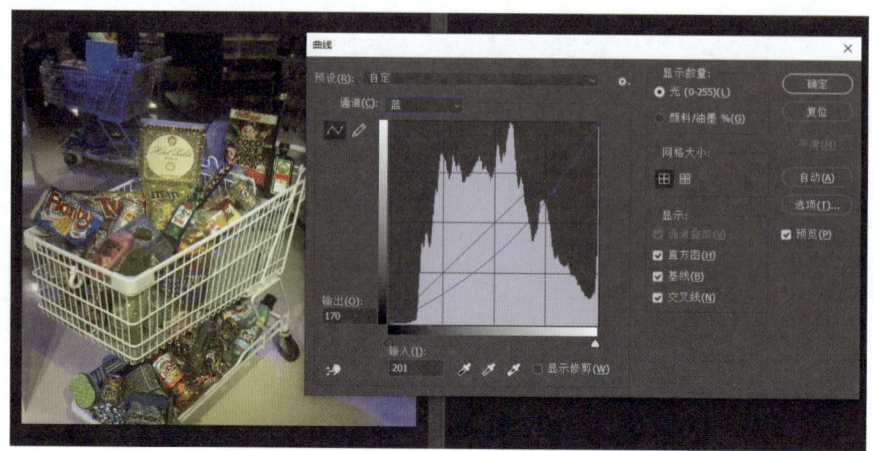

图 0-148　调整单一通道的曲线

一般情况下，对曲线进行调整，修改点附近的曲线趋势也会随之发生变化，如果要对局部进行调整，可以在目标区域的两端打上锚点进行锁定，如图 0-149 所示。

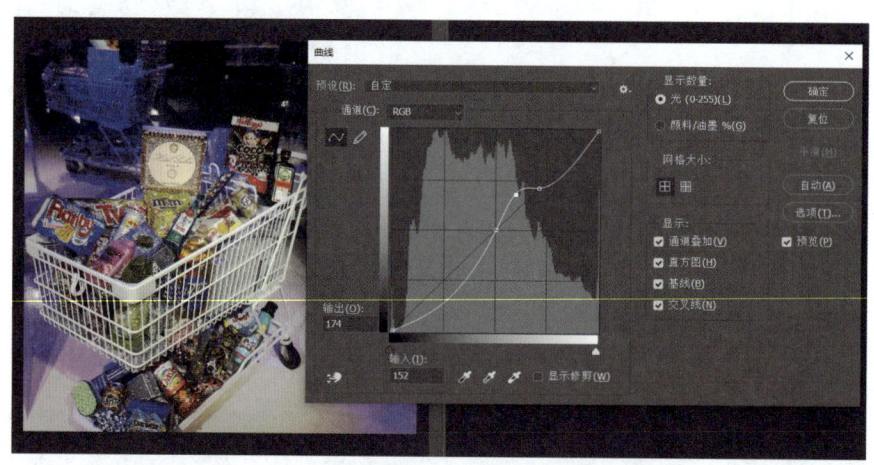

图 0-149　局部调整曲线

下面讲解使用曲线精确调整暗部细节。

打开"古建筑.jpg"素材文件，如图 0-150 所示，我们发现图片明暗反差较大，暗部细节无法体现。选择"图像"→"调整"→"曲线"菜单命令，或者按下【Ctrl+M】组合键，打开"曲线"对话框，按住【Ctrl】键的同时，单击画面最暗处，即可在曲线上添加一个对应暗部调整的锚点，如图 0-151 所示。将此锚点向上拖动，以调亮暗部，为了控制亮部曝光过强，在中间部分单击添加控制锚点，如图 0-152 所示，单击"确定"按钮，画面调整后的效果如图 0-153 所示。

图 0-150　古建筑原图

图 0-151　添加暗部控制锚点

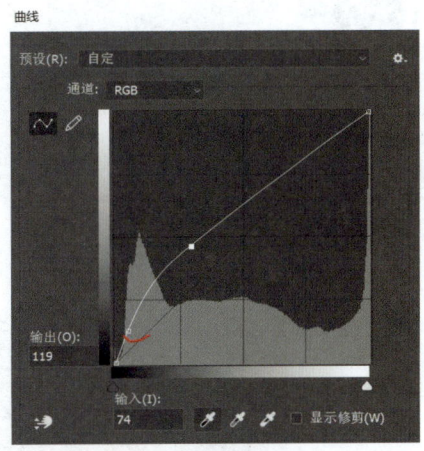

图 0-152　上移暗部控制锚点

图 0-153　画面暗部细节体现

0.6.3 色阶

色阶可以用来完成图像的明暗、对比度、黑场和白场等曝光调整。如图 0-154 所示，"色阶"对话框中包含一个直方图，表示图像中所有像素在 0 ～ 255 亮度区间的分布情况，直方图下方有三个滑块，黑色滑块用来调整图像最暗的部分，白色滑块调整最亮部分，灰色滑块调整图像整体。黑色滑块代表了黑场，它和直方图最左侧的距离表示图像最暗部分的范围，向右拖动表示滑块左侧亮度的像素全部变为最暗，如图 0-155 所示，同理，白色滑块代表白场，向左拖动白色滑块表示滑块右侧亮度的像素全部变为最亮，如图 0-156 所示。

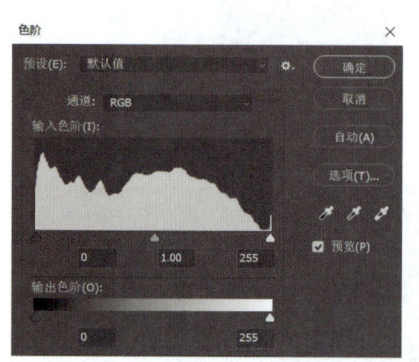

图 0-154　"色阶"对话框　　　　图 0-155　黑色滑块向右拖动

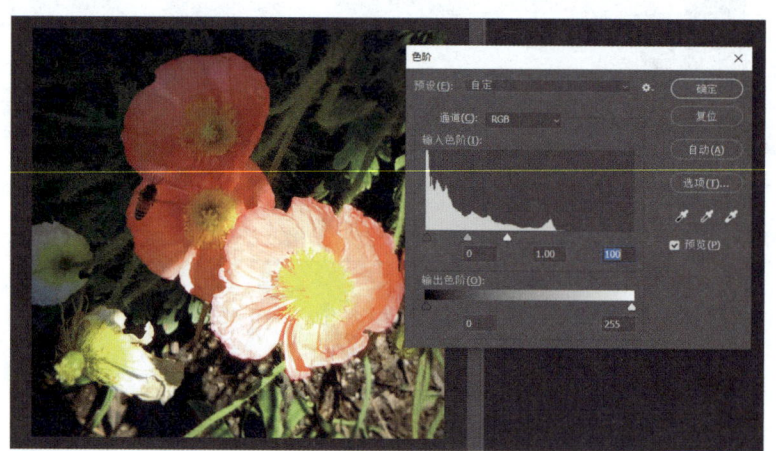

图 0-156　白色滑块向左拖动

灰色滑块和黑色滑块之间的区域表示图像暗部的范围，向右拖动表示增加图像的暗部，如图 0-157 所示，灰色滑块和白色滑块之间的区域表示亮部的范围，向左拖动代表增加图像的亮部，如图 0-158 所示。

"输出色阶"上的两个滑块用来限制调整后的亮度范围，黑色滑块控制输出色阶的亮度下限，白色滑块控制上限，输出色阶默认为 0 ～ 255，即默认输出色阶控制的最低亮度为 0，此时画面最暗部就是亮度为 0（纯黑色），如图 0-159 所示。调整输出色阶的黑色滑块至 50，如图 0-160 所示，画面中的黑色和灰色部分都变亮了，表示限制画面最暗部的亮度至少为 50。

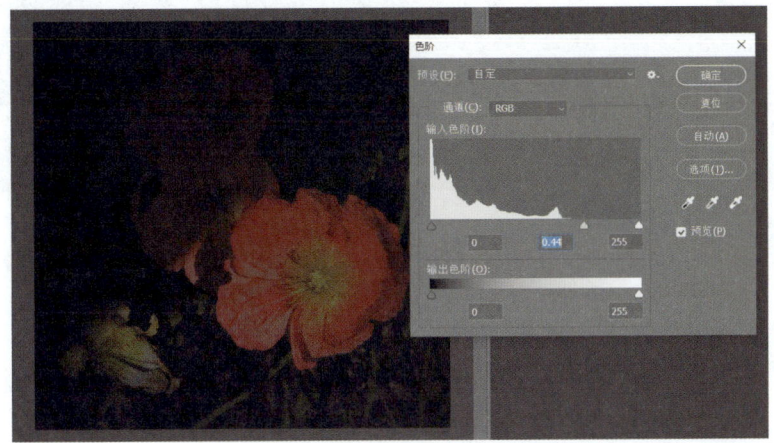

图 0-157　灰色滑块向右拖动

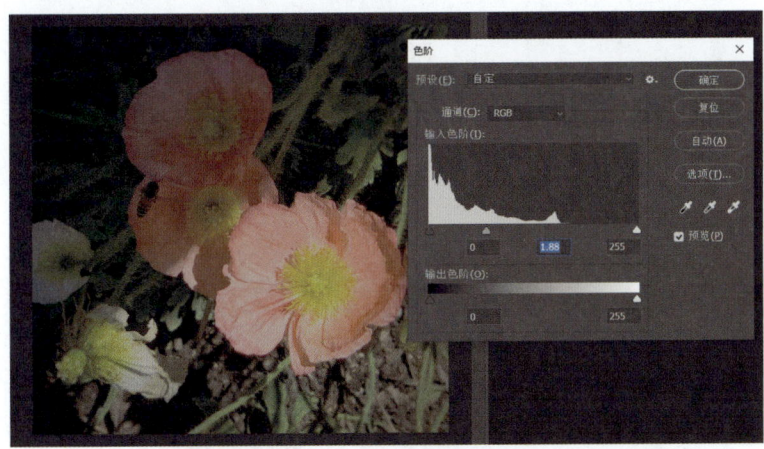

图 0-158　灰色滑块向左拖动

图 0-159　色阶默认设置

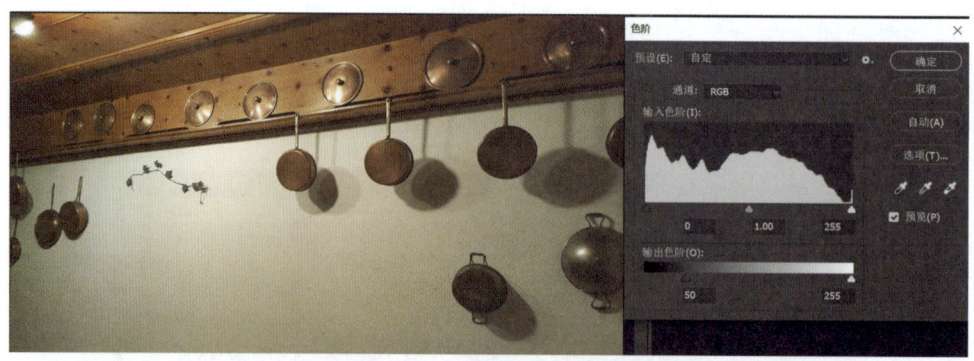

图 0-160　调整输出色阶黑色滑块

在"色阶"对话框的右侧有 3 个"吸管"工具,分别为"在图像中取样以设置黑场""在图像中取样以设置白场"和"在图像中取样以设置灰场"工具。使用它们可以在视图中重新定义最暗颜色、最亮颜色以及中间调。色阶命令将根据这些设置,重新设置图像的色调,非常便于校正画面对比度、曝光等,也便于调出特殊的色彩效果。

下面我们讲解使用色阶校正颜色的方法。

选择"文件"→"打开"菜单命令,打开"少女峰.jpg"素材文件,如图 0-161 所示,由于拍摄时光线不足,画面严重偏色。选择"图像"→"调整"→"色阶"菜单命令,或按【Ctrl+L】组合键,打开"色阶"对话框,在对话框的右侧选择"在图像中取样以设置灰场"吸管图标,在画面中山峰处单击,画面色彩还原效果如图 0-162 所示。若色彩校正不理想,可以使用灰度吸管多次在画面中不同的地方单击,直到色彩还原正确为止。

图 0-161　使用色阶校正颜色前

图 0-162　使用色阶校正颜色后的效果

Photoshop 中的色阶工具也是创作者的"神器",下面我们讲解使用色阶调整画面黑白灰关系,重新定义画面的黑场和白场。

选择"文件"→"打开"菜单命令,打开"古罗马.jpg"素材文件,如图 0-163 所示,选择"图像"→"调整"→"色阶"菜单命令,打开"色阶"对话框,在对话框中选择"在图像中取样以设置白场" 吸管图标,在画面中白云处单击,重新定义白场后的效果如图 0-164 所示。

图 0-163　使用色阶定义黑白场之前的原图

在"色阶"对话框的右侧选择"在图像中取样以设置黑场" 吸管图标,分别在画面蓝天处、古城墙处单击,重新定义黑场后的效果如图 0-165 和图 0-166 所示。

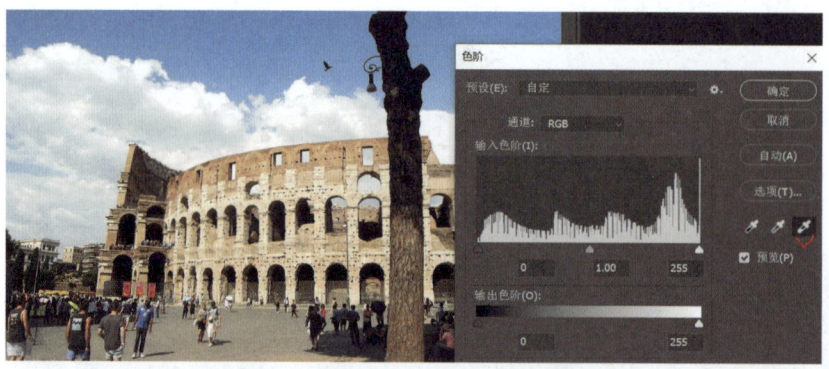

图 0-164　使用白色吸管重新定义白场

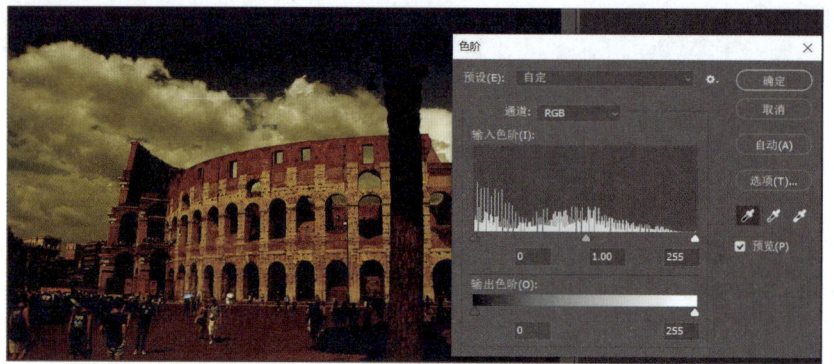

图 0-165　使用黑色吸管重新定义黑场

图 0-166　使用黑色吸管单击古城墙的效果

　　色阶中黑色吸管的工作原理就是将我们拾取的颜色定义为黑色，色阶命令再根据这些参数值，重新设置图像的色调，白色吸管是将我们拾取的颜色定义为白色，根据定义的白色数值重新设置图像的色调。

　　直接使用菜单命令中的"色阶"调整画面，会直接覆盖到原图上，无法再次修改。更好的办法是新建一个色阶调整图层，调整图层在原图层的上方单独存在，不会覆盖原图层数据。因此可以随时修改、删除我们的色阶调整效果，如图 0-167 所示。

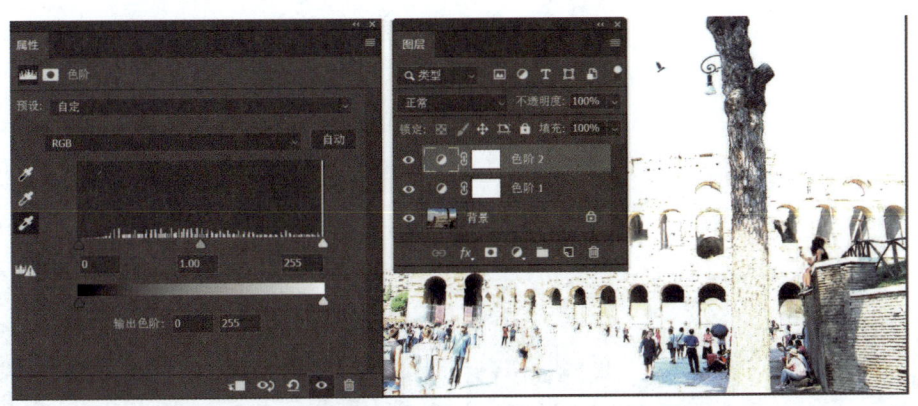

图 0-167　新建色阶调整图层重新定义白场

以上就是 Photoshop 色阶面板中吸管、黑白灰场调色技巧和原理的详细讲解，若要达到熟练应用，需要多加练习、领悟。

0.6.4　饱和度

色相、饱和度、明度是色彩的三个属性。色相即为各种颜色的称谓，例如柠檬黄、大红、湖蓝、橄榄绿等，色相是色彩的首要特征。饱和度指色彩的鲜艳程度，也叫作纯度，原色的饱和度最高，随着饱和度降低，色彩会变得暗淡直到失去原本色相的色彩。明度是指色彩的亮度，也就是黑白灰关系，比如深蓝、普蓝、浅蓝、天蓝、湖蓝色等蓝色就存在明度上的差别。

在"色相/饱和度"对话框中有色相、饱和度和明度三个滑块，单击左上方的下拉菜单可以对图像进行全图调整或单个颜色的色彩调整，当选择调整单个颜色时，对话框下方的颜色模糊控件就会被激活，可以对单个颜色区域进行更细致的调整，图 0-168 为全图及单个颜色调整时的不同状态。

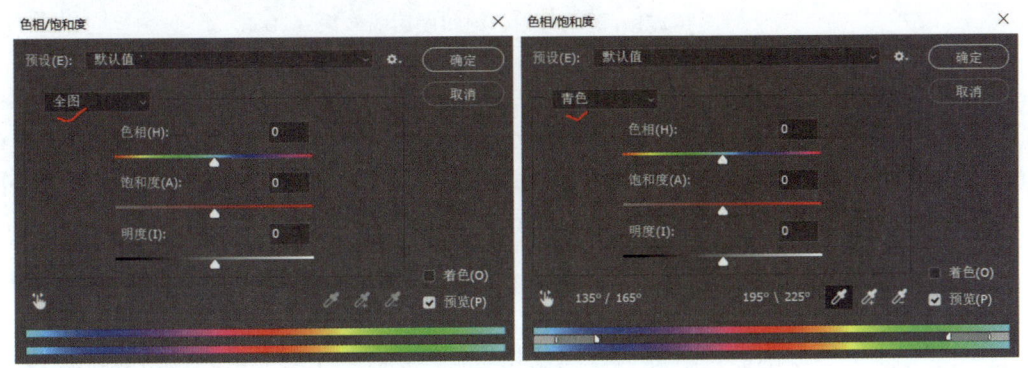

图 0-168　"色相/饱和度"对话框

下面讲解如何使用色相/饱和度让时光倒流——从秋天到春天的转变。

图 0-169 是一张较为灰暗的秋天风景图片，现在对它的色相、饱和度分别进行调整，

让它回到春天的景象。按下【Ctrl+U】组合键打开"色相/饱和度"对话框，拖动色相下方的滑块向右，设置"色相"值为 +67，观察得到的效果如图 0-170 所示。我们发现颜色回到春天的嫩绿色，但是色彩过于鲜艳刺眼，我们拖动饱和度下方的滑块向左，设置"饱和度"值为 -35，稍稍降低图片的鲜艳度，使画面呈现出春天的自然景色，如图 0-171 所示。

图 0-169　原图

图 0-170　调整色相

图 0-171　调整色相、饱和度后的效果

下面讲解如何使用色相/饱和度调整单个颜色的色调。

选择有红色火车的素材，按下【Ctrl+U】组合键打开"色相/饱和度"对话框，单击左上角下拉菜单，选择调整的区域为"红色"，如图 0-172 所示，拖动色相滑块至 +45，图片中的红色火车部分变成了黄色，如图 0-173 所示。

如果觉得图片灰暗，还可以调整图片整体的饱和度，向右拖动饱和度滑块以增加饱和度，使图片的色彩更艳丽更好看些。

使用色相/饱和度对单个颜色的色调进行细微调整

下面讲解如何使用色相/饱和度对单个颜色的色调进行细微调整。

打开素材图片"欧式建筑.jpg"，如图 0-174 所示，我们发现图片中的墙壁呈不同层次的红色，在这里想将整个墙壁变为绿色。按【Ctrl+U】组合键打开"色相/饱和度"对话框，单击左上角下拉菜单，选择调整的区域为"红色"，拖动色相滑块至 +120，图片中的红色墙壁大部分变成了绿色，只有左侧墙壁还偏向黄色，如图 0-175 所示。拖动"色相/饱和度"对话框下方右侧的模糊控件向右移，将黄色区域包含进来，或者使用对话框中的"添加到取样" 按钮，单击左侧淡黄色的墙壁，将黄色区域添加进来，如图 0-176 所示，整个墙壁变为绿色。适当调整饱和度，使画面更鲜艳一些，调整参数及效果如图 0-177 所示。

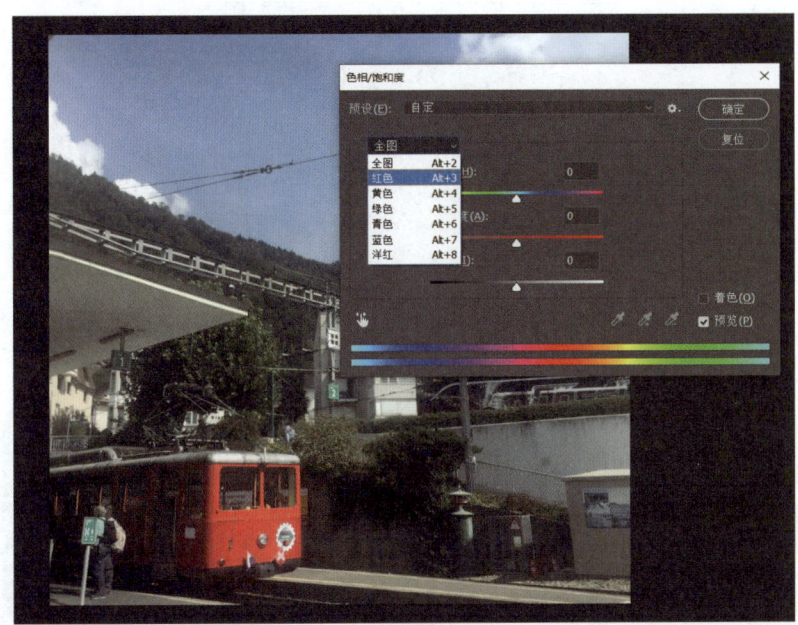

图 0-172　选择红色

图 0-173　调整色相

图 0-174 欧式建筑原图

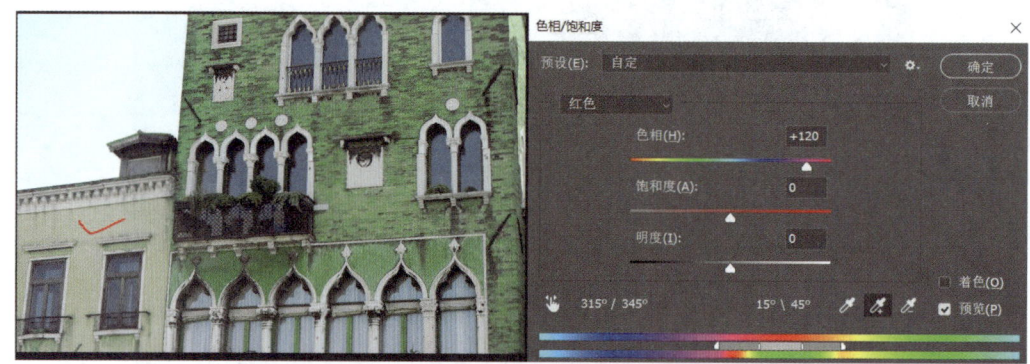

图 0-175 调整红色范围

图 0-176 调整模糊控件

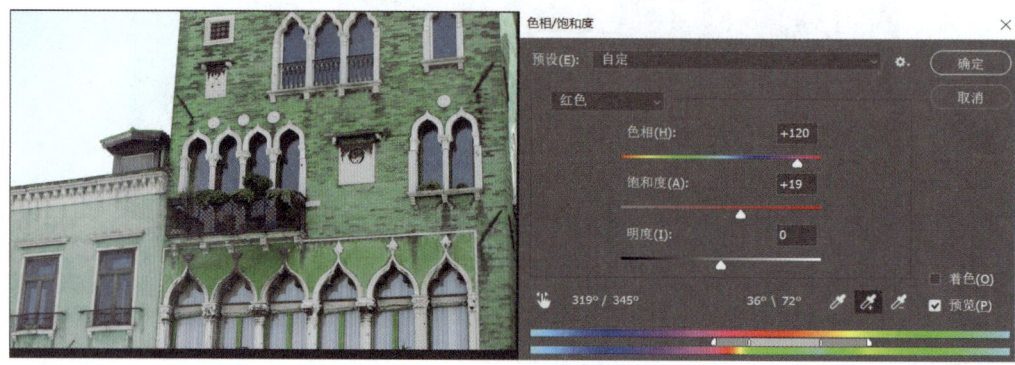

图 0-177 综合调整后的效果

【小结】

基础项目部分系统讲解了 Photoshop 的基础理论知识和基本操作技能，从图形图像的概念、Photoshop 的操作界面、图层的使用、通道与蒙版的技巧、路径到基本色彩、高级色彩调整等，需要学习掌握的知识信息量很大。

重点知识：工具箱、浮动面板、图层种类、图层样式、色彩调整。

核心技术：图层的混合模式、通道与蒙版联合运用、路径、色相/饱和度、色阶。

实际运用：设计排版、照片处理。

拓展练习

通过基础项目知识的学习，大家掌握了 Photoshop 的基础应用。为了更好地巩固应用知识，请同学们做如下练习。

1. 使用给定的图片素材，通过调整"色相/饱和度"参数，改变画面中花儿的单一色彩，调整前及调整后的效果如图 0-178 所示。

图 0-178　原图及单色调整后的效果

2. 运用所学色阶知识，为给定的"夜景.jpg"图片素材校正颜色，如图 0-179 所示。

图 0-179　原图及色阶调整后的效果

3. 参考标志设计如图 0-180 所示，运用所学绘图及路径排文等知识，设计制作个人未来企业标志。

图 0-180　标志设计素材

4. 运用所学选择工具、路径、通道蒙版、选择并遮住等知识技能，对所给素材图片"埃菲尔铁塔.jpg"进行抠图，如图 0-181 所示。

图 0-181　抠图素材

项目 1
新荷图文公司基础服务

项目导读

新荷图文公司是一家致力于职业形象照、证件照、儿童照拍摄，广告设计、排版制作为一体的文化服务连锁企业，广泛分布于大中城市的写字楼、学校、社区等人口密集区域，为大众工作生活带来便捷服务。

教学目标

- 能完成一般图文排版、编辑。
- 能熟练掌握图像的处理、合成。

任务一 旧照片及生活照的处理

【任务描述】

本任务主要通过 Photoshop 软件的选择工具、修复工具完成家庭珍贵老照片的修复着色；使用滤镜对普通照片进行艺术化、风格化创意；巧妙运用高低频磨皮、滤镜等菜单命令对日常生活照进行美化，从而让照片焕发新风采。

【任务目标】

掌握 Photoshop 软件中修复工具的使用，熟练滤镜库中风格化、素描等滤镜的设置技巧，能综合运用工具箱、菜单命令完成照片的修复、合成、着色等工作，能胜任对各类图片进行创意的任务。

【知识链接】

1. 破损老照片的修复

生活中，我们有很多珍贵老照片成为绝版，为了更好的保存，我们可以通过翻拍复制，并进行修复打印或扫描后存储电子版保存。旧照片的修复主要通过图像修复工具修复破损，使用选区、路径等工具进行抠图，整体换背景，分层着色等一系列方法实现。

2. 将普通照片风格化、艺术化

将自己拍摄的荷花照片拿来与荷花主题的绘画作品相比较，发现摄影作品显得简陋且俗气，总感觉缺点什么。普通照片缺少什么呢？对比发现，缺的是意境、格调、形式美感以及对现实生活的提炼并由此形成的艺术内涵。Photoshop 滤镜为照片的艺术化、风格化提供了可能，使用滤镜库中的素描、画笔描边、风格化等可以制作多种艺术效果。

3. 日常生活照的美化

现实生活中大多数人并非天生丽质，身材姣好，但爱美是人的天性，人皆有之，如何让普通人也实现爱美的愿望呢？我们可以通过 Photoshop 软件中的磨皮及液化滤镜美化照片达成自己的理想形象，感受生活的那份美好和自信。

【任务实施】

1. 破损老照片的完美复原

旧照修复

步骤 1 翻拍旧照片。翻拍照片有一定的技巧，为使照片在放大时不失真，翻拍前设置好相机拍摄尺寸及保存格式，在晴天背阴处光线最好，保持画面的四个边与取景框平行，人物就不会变形，保证拍摄的单张图片大小在 20MB 左右，如图 1-1 所示，旧照及翻新后的效果。

步骤 2 打开素材并转换图像模式。

在 Photoshop 中，选择"文件"→"打开"菜单命令，打开翻拍的旧照片"2-1.png"文件。为简化修复难度，执行"图像"→"模式"→"灰度"菜单命令，将图片转换为灰度模式，去掉颜色，如图 1-2 所示。然后选择"图像"→"调整"→"色阶"菜单命令，打开"色阶"对话框，调整参数，使画面变得明亮清晰，如图 1-3 所示。

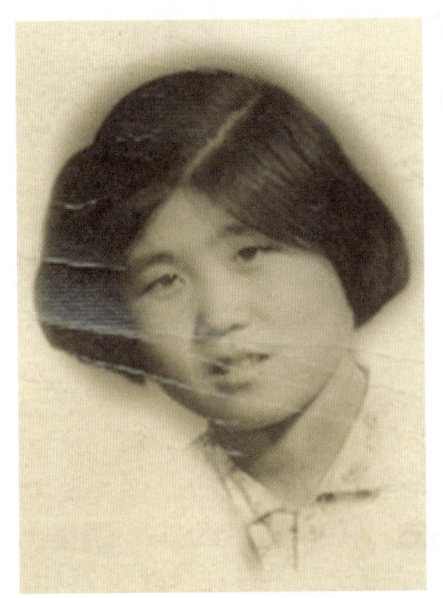
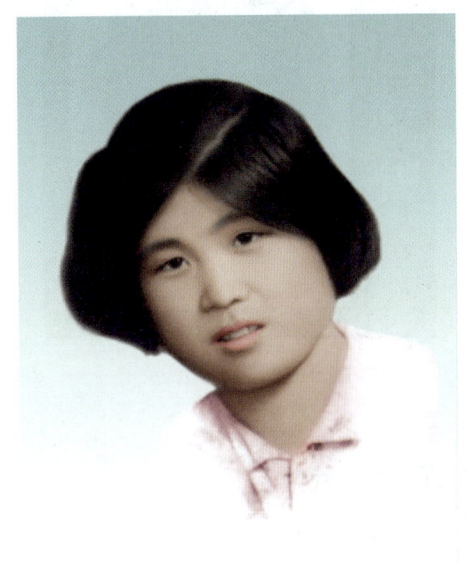

图 1-1　旧照及翻新后的效果

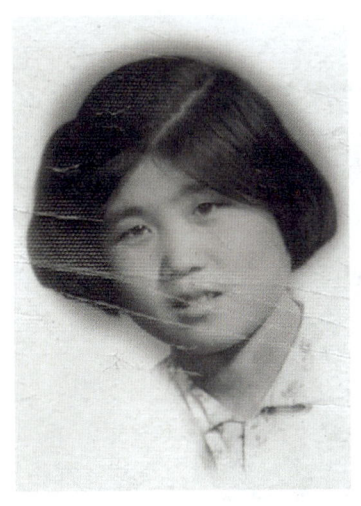
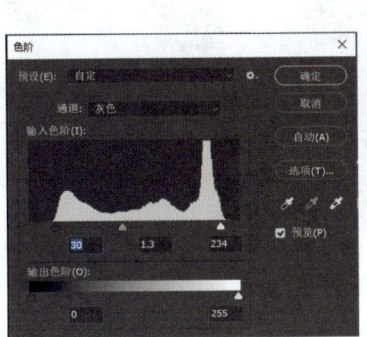
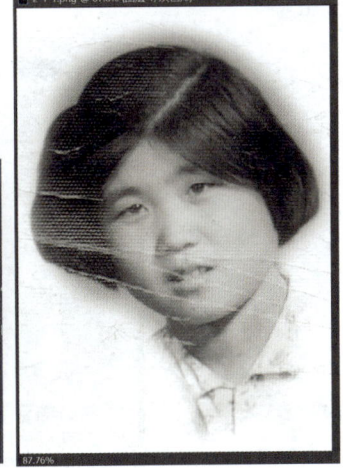

图 1-2　图像灰度模式　　　　　　　　图 1-3　调整色阶后的效果

步骤 3 从背景中抠出人物。使用"磁性套索工具" 结合加减选区将人物从背景中选出，按【Shift+F6】组合键打开"羽化选区"对话框，设置"羽化半径"为 4 像素，单击"确定"按钮，如图 1-4 所示；按【Ctrl+C】组合键复制选区内容，按【Ctrl+V】组合键进行粘贴，得到一个边缘柔和的人物抠像图层，如图1-5所示。

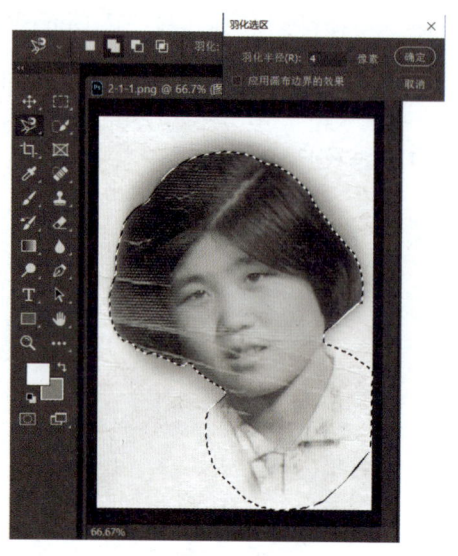
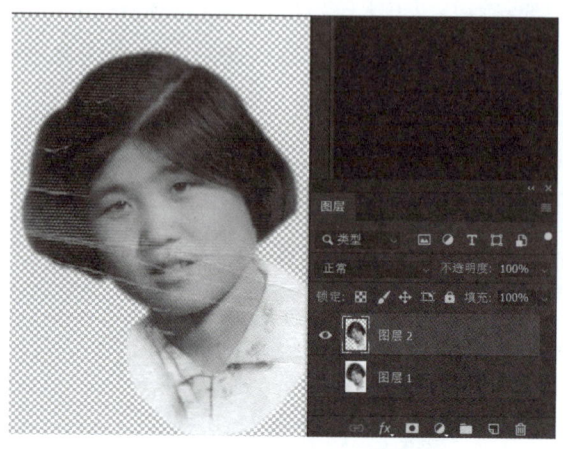

图1-4　羽化选区　　　　　　　　　　图1-5　复制边缘柔和的图层

步骤4　去掉大面积网纹。由于翻拍的老照片是粗纹纸，又有多处折痕，破损的网纹很难还原成规则状，折痕明显遮盖了人物结构和细节，需要先去除网纹又不破坏人物的五官结构等细节，选择工具箱中的"套索工具"，结合"添加到选区"按钮，选中眼睛、眉毛、鼻子、嘴巴、衣领等重要形体结构，按【Shift+F6】组合键进行羽化，设置"羽化半径"为2像素，按【Ctrl+Shift+I】组合键进行反选，选择"滤镜"→"模糊"→"高斯模糊"菜单命令，打开"高斯模糊"对话框，设置"半径"为3.6像素，单击"确定"按钮，这样就去掉了五官之外大面积的网纹，高斯模糊设置及效果如图1-6所示。

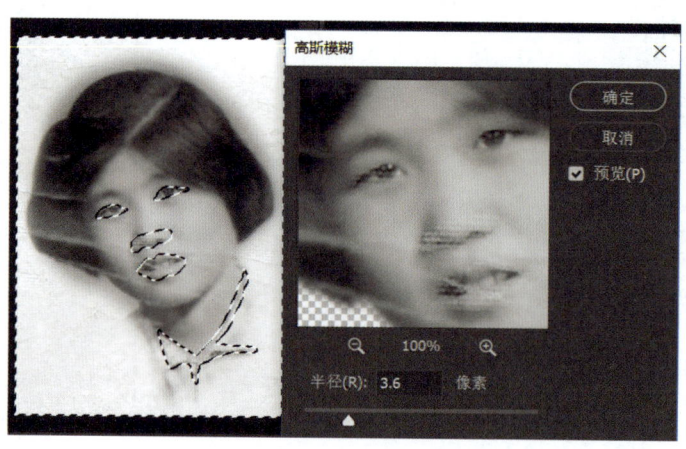

图1-6　高斯模糊

步骤5　修复折痕及破损。按【Ctrl+H】组合键隐含选区，查看效果，发现眼睛鼻子嘴巴之外的区域都已去掉网纹，按【Ctrl+D】组合键取消选区，使用"修复画笔工具"及"修补工具"对折痕进行修饰，如图1-7所示。选择"仿制图章工具"，按【Alt

键并单击拾取眼睛附近干净颜色，然后拖动鼠标左键对眼睛上的网纹进行覆盖式修复，使用同样的方法，依次对鼻子、嘴巴上的网纹及头发灰白处进行修复，此时修复需要注意不要破坏人物结构，"仿制图章工具"不透明度设置为"60%"左右，修复效果如图1-8所示。

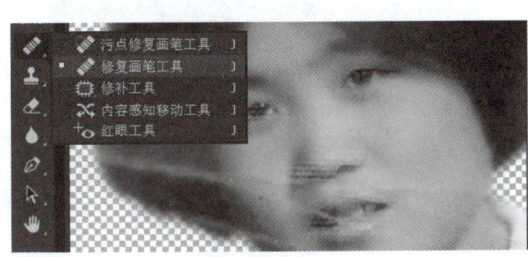

图 1-7 修复折痕

图 1-8 修复网纹及折痕

最后使用工具箱中的"加深工具" 涂抹头发及眉眼处，用来加深颜色，并使用"吸管工具" 拾取眼白处颜色，用"画笔工具" 点眼睛高光及反光。

步骤 6 照片着色。选择"图像"→"模式"→"RGB 颜色"菜单命令，选择"不拼合图层"，按【Ctrl】键，单击图层 1 的缩览图，获得人物外轮廓选区，如图 1-9 所示。使用"套索工具" 减去头发、衣服、眼睛、牙齿部分的选区，只保留皮肤区域，按【Shift+F6】组合键羽化选区半径为"6 像素"，选择"图像"→"调整"→"色彩平衡"菜单命令，设置各项颜色参数调整肤色，为了达到理想的肤色效果，可以多调整两次"色彩平衡"参数，如图 1-10 所示。使用步骤 6 的方法为衣服着色。

图 1-9 获得选区

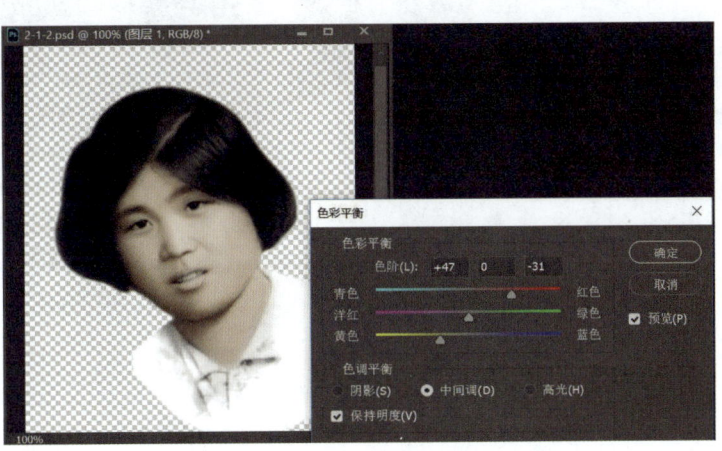

图 1-10 调整肤色

步骤7　调整腮红及唇色。选择工具箱中的"椭圆选框工具"，结合"添加到选区"按钮，选中两腮，按【Shift+F6】组合键羽化选区半径为"12像素"，按【Ctrl+B】组合键打开"色彩平衡"对话框，设置各参数调整腮红颜色，如图1-11所示。使用"钢笔工具"精确画出嘴唇轮廓路径，单击路径调板底部的"将路径作为选取载入"按钮，将嘴唇路径转换为选区，羽化半径设置为"3像素"，选择"图像"→"调整"→"通道混合器"菜单命令，设置红色及蓝色通道，调整唇色，效果如图1-12所示。

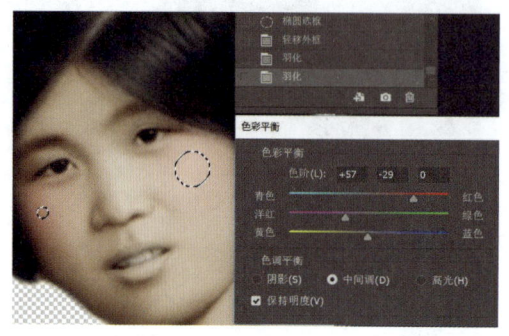 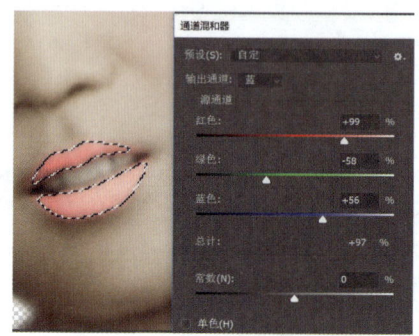

图1-11　设置腮红　　　　　　　　　　图1-12　调整唇色

步骤8　换背景。选中背景图层，在工具箱中选择"渐变工具"，设置前景色为"#e2f1f2"，背景色为"#a4d4d7"，在"渐变属性栏"选择"前景色到背景色渐变"，选择"线性渐变"模式，在背景层由下向上拖动鼠标，做出淡蓝通透背景，最终效果如图1-13所示。

图1-13　设置淡蓝色渐变背景

2. 将普通照片风格化、艺术化

步骤1　打开素材。选择"文件"→"打开"→"婚纱照.jpg"文件，如图1-14所示；设置工具箱底部的前景色为"#1d06ce"，背景色为白色。

步骤2 使用素描\便条纸\图章\影印\炭笔效果。选择"滤镜"→"滤镜库"菜单命令，打开"滤镜库"对话框，如图1-15所示。

图1-14 婚纱照素材

图1-15 "滤镜库"对话框

单击滤镜库面板中的"素描"三角按钮，从下拉列表中选择"便条纸"选项，设置相应便条纸参数并单击"确定"按钮，参数设置及效果如图1-16所示；单击"滤镜库"面板中的"素描"三角按钮，从下拉列表中选择"图章"选项，设置图章相应参数并单击"确定"按钮，参数设置及效果如图1-17所示。

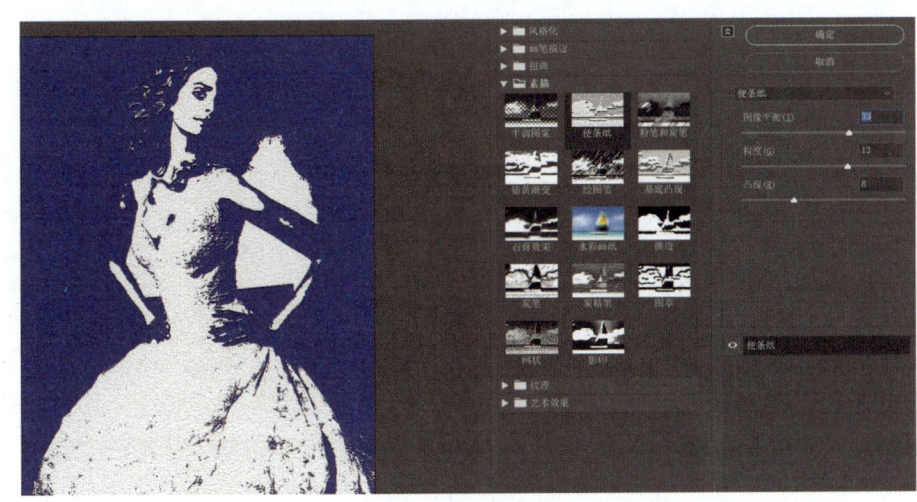

便条纸滤镜效果

图1-16 便条纸参数设置及滤镜效果

单击"滤镜库"面板中的"素描"三角按钮，从下拉列表中选择"影印"选项，设置相应影印参数并单击"确定"按钮，效果如图1-18所示；单击"滤镜库"面板中的"素描"三角按钮，从下拉列表中选择"炭笔"选项，设置相应炭笔参数并单击"确定"按钮，效果如图 1-19 所示。

图 1-17　图章参数设置及滤镜效果

图 1-18　影印滤镜效果

图 1-19　炭笔滤镜效果

步骤 3　使用扭曲\玻璃效果。使用"椭圆选框工具" 选取人物五官,按【Shift+F6】组合键羽化选区半径为"38 像素",按【Ctrl+Shift+I】组合键反选(为了人物的识别度,只对五官之外的区域实行玻璃化),选择"滤镜"→"滤镜库"菜单命令,打开"滤镜库"对话框,单击"扭曲"三角按钮,从下拉列表中选择"玻璃"选项,设置相应的玻璃参数,单击"确定"按钮,参数设置及效果如图 1-20 所示。

步骤 4　画笔描边\深色线条与纹理\马赛克拼贴的融合。选择"滤镜"→"滤镜库"菜单命令,打开"滤镜库"对话框,单击"画笔描边"三角按钮,从下拉列表中选择"深色线条"选项,设置深色线条各参数;然后单击右下角"新建效果图层"按钮,复制一个深色线条层;接着单击"纹理"三角按钮,从下拉列表中选择"马赛克拼贴"选项,设置马赛克相关参数，出现两种滤镜效果相叠加，如图1-21所示。

图1-20　玻璃滤镜效果及参数

图1-21　深色线条与马赛克拼贴两种滤镜效果

步骤5　使用艺术效果\彩色铅笔\木刻\壁画。选择"滤镜"→"滤镜库"菜单命令，打开"滤镜库"对话框，单击"艺术效果"三角按钮，从下拉列表中选择"彩色铅笔"选项，设置彩色铅笔各参数，单击"确定"按钮，效果如图1-22所示。

选择"滤镜"→"滤镜库"菜单命令，打开"滤镜库"对话框，单击"艺术效果"三角按钮，从下拉列表中选择"木刻"选项，设置合适的参数，单击"新建效果图层"　按钮，复制一个木刻层；接着选择"艺术效果"下的"壁画"，设置合适的参数，这样就会将"木刻"与"壁画"两种滤镜效果都添加给照片，产生的叠加效果如图 1-23 所示。

图 1-22　彩色铅笔滤镜效果

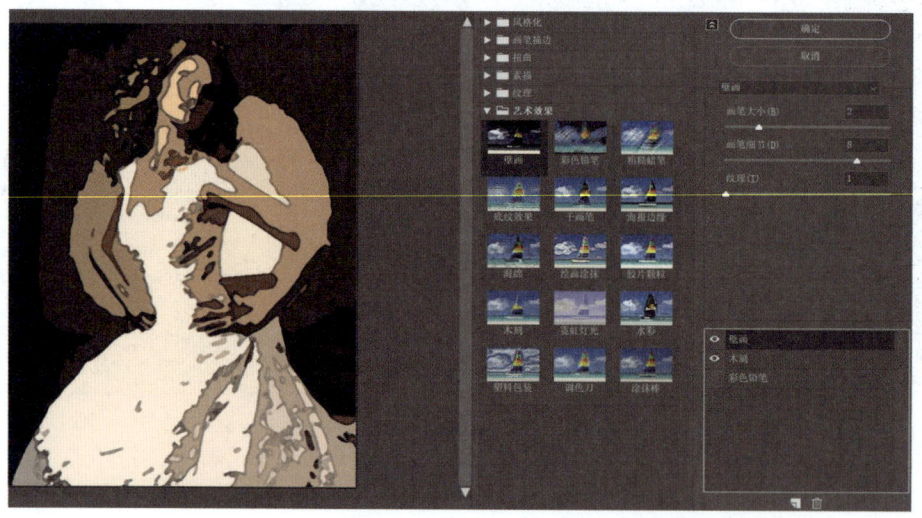

图 1-23　"木刻"与"壁画"两种滤镜叠加效果

3. 日常生活照的美化

步骤 1　打开素材文件。选择"文件"→"打开"→"aboluo.jpg"文件，在图层面板中拖动"背景"图层到右下角的"创建新图层" 按钮，将背景图层复制两个副本，如图 1-24 所示。

图1-24　复制两个背景图层

步骤2　使用高低频磨皮。选中"副本1"图层,选择"滤镜"→"模糊"→"高斯模糊"菜单命令,打开"高斯模糊"对话框,设置"模糊半径"为"5像素",如图1-25所示;选中"副本2"图层,打开"图像"→"应用图像"对话框,设置参数及效果如图1-26所示,单击"确定"按钮,并将"副本2"图层混合模式改为"线性减淡"。

生活照的美化
1-高低频磨皮

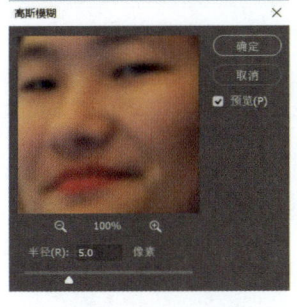

图1-25　高斯模糊

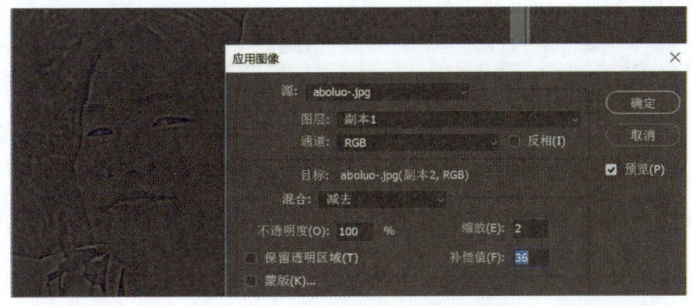

图1-26　应用图像参数设置

选中"副本1"图层,使用"滴管工具"拾取面部肤色,然后用"画笔工具"涂抹面部,使面部肤色均匀;使用"仿制图章工具"或"修复画笔工具",修复人物及石膏面部的斑点和痘痘,效果如图1-27所示。使用"橡皮擦工具",并设置不透明度为"68%"。擦除"副本1"图层的眉眼唇部及发丝,透出背景层清晰五官结构,效果如图1-28所示。

图1-27　修复斑点及痘痘后

图1-28　透出结构清晰的五官

生活照的美化
2- 锐化清晰五官结构

步骤 3 调色及锐化。选中"副本 1"图层，按【Ctrl+B】组合键，打开"色彩平衡"对话框，设置参数如图 1-29 所示；单击图层面板右上角的 ≡ 按钮，选择"合并可见图层"，将所有图层合并为一个图层。选择"滤镜"→"锐化"→"USM 锐化"菜单命令，打开"USM 锐化"对话框，设置各锐化参数，参数设置及效果如图 1-30 所示。

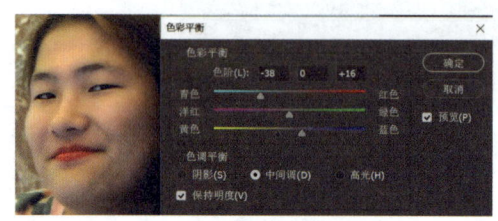

图 1-29　调整色彩平衡

图 1-30　USM 锐化参数及效果

生活照的美化
3- 液化整容

步骤 4 液化整容。选择"滤镜"→"液化"菜单命令，打开"液化"对话框，使用"向前变形工具" 推动腮及下巴往里收缩，使脸部变瘦；将"膨胀工具" 直径调整到与眼睛长度一样，覆盖在眼睛上方按住鼠标左键停留一会，即可放大眼睛；使用"脸部工具" ，能自动识别五官，直接在五官上进行拖动即可根据要求缩放五官，进行局部整形，也可以在右侧参数面板输入数字，设置五官大小、位置，额头及下巴的宽窄等脸部形状，甚至可以设置微笑、鼻子高度、眼睛倾斜度等细节，设置完毕，单击"确定"按钮，日常生活照的美化完成。效果如图 1-31 所示。

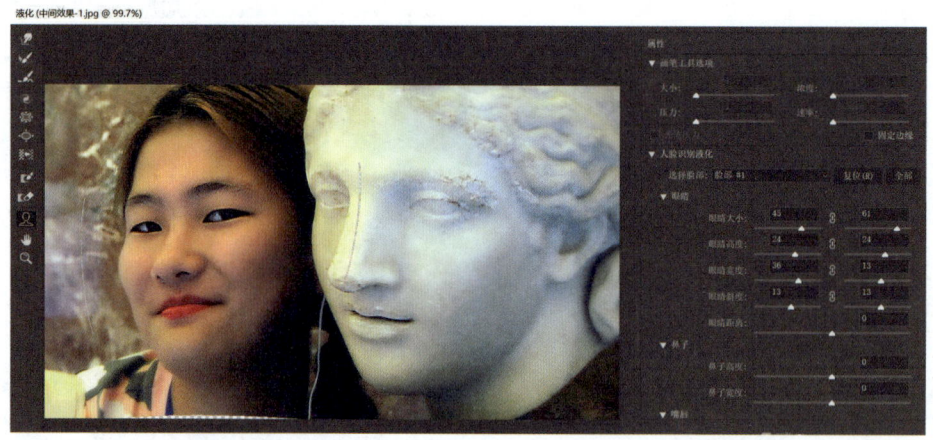

图 1-31　使用液化整容后的效果

【任务小结】

以上任务内容整体细致地讲解了照片的修复加工及着色知识，旧照片的修复翻新、生活照的美化是一般影楼工作人员必备的职业技能，想要圆满完成工作任务，需要多加练习，更重要的是有一份服务顾客、爱岗敬业的精神。

重要工具："磁性套索""钢笔工具""修复画笔工具""仿制图章工具""渐变工具"。

核心技术：对与背景色差别较大的轮廓抠像要使用磁性套索结合路径工具；使用仿制图章工具进行修复时，要将笔触设置为虚笔，不透明度60%左右，使取样点与修复部分互相融合，才能达到自然过渡的效果；在抠像及局部着色时，选区要恰当羽化，边缘才会柔和。艺术化照片主要使用前景色与背景色结合各种滤镜实现效果。生活照的美化主要运用滤镜模糊、液化、图层混合模式等来实现。

任务拓展

使用前面所学图层、滤镜模糊、修复工具、选区羽化、色彩平衡等知识技巧，对如图 1-32、图 1-33 所示的旧照片进行修复并着色。

图 1-32　旧照片素材 -1

图 1-33　旧照片素材 -2

任务二　证件照及职业形象照的处理

【任务描述】

每个人都想把自己最好的一面展示给大家，体现在证件照或职业形象照上是一瞬间的姿势与神态表情，如何在一瞬间展现顾客的内涵气质，一是摄影师的引导拍摄，二是后期修饰制作人员的审美及高超的技术。

【任务目标】

熟悉职业照、证件照的制作使用标准，掌握制作方法。

【知识链接】

1. 证件照的尺寸与排版

大部分人都不太满意自己身份证上的照片,由于拍摄时间仓促,且非专业摄影师拍摄,更不会做后期处理修饰,以致身份证上的照片难以展现个人的气质及魅力。生活中我们还有很多地方都会用到证件照,比如应聘履历表、网上报名考试、出国护照等,有时需要电子版,有时需要相纸打印出来。为了应急,我们可以自己提前拍摄制作。

先教给大家拍摄证件照时的一般技巧,45度侧身坐在方凳的一角,稍回头使面部正对着相机,收腹挺胸,双手可以背在身后,也可以平放在膝盖上,微微点一下头,提一口气,双目微睁看向镜头,心中充满自信,就能拍出一张精神抖擞、饱含个人魅力的证件照了!

2. 职业形象照的背景更换

好的职业形象照有助于提升个人形象,除了表情神态要好,还要搭配合适的背景色,抠取复杂轮廓的方法,除了使用选区、路径、通道,还可以结合"选择并遮住"调整选区,并结合画笔将人物从背景中提取出来。

【任务实施】

1. 证件照的尺寸与排版

先对旧照片进行翻拍,拍摄完毕,我们对照片进行尺寸裁剪及排版。

步骤1 打开拍摄好的素材文件。选择"文件"→"打开"→"证件照.jpg"文件,如图1-34所示。

步骤2 对素材文件进行明度和色彩调整。按【Ctrl+B】组合键打开"色彩平衡"对话框,以脸色为标准调整色彩,各参数设置如图1-35所示;按【Ctrl+M】组合键打开"曲线"对话框,将曲线中间微向上移动,提亮画面的中间调,参数设置如图1-36所示;然后对脸部高光或斑点使用"仿制图章工具" 或"修复画笔工具" 进行简单修整,调整后的效果如图1-37所示。

图1-34 素材文件

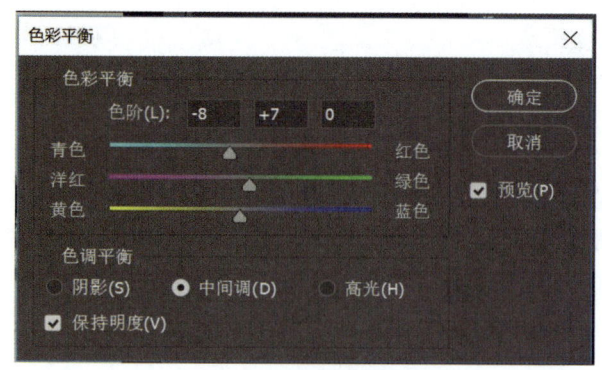

图1-35 调整色彩平衡

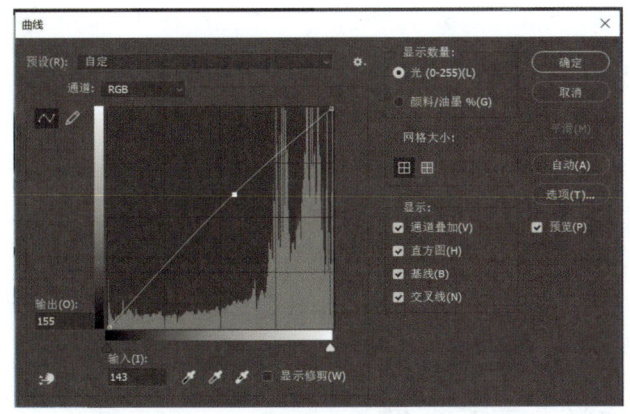 

图1-36　使用曲线提亮画面中间调　　　　　图1-37　修复后的照片

步骤3　裁剪设置尺寸。国内标准证件照一般采用白色、红色、蓝色背景，1寸证件照尺寸为2.5厘米×3.5厘米，分辨率为300像素/英寸；2寸证件照尺寸为3.5厘米×5厘米，分辨率为300像素/英寸；普通护照尺寸为4.8厘米×3.3厘米的小2寸，正面（露双耳）免冠近照，白背景；各国护照尺寸有所不同。

选中刚刚调整好的照片，按【C】快捷键打开"裁剪工具 "，在属性栏中设置裁切尺寸为宽3.5厘米×高5厘米，分辨率为300像素/英寸，如图1-38所示；拖动鼠标选取裁剪区域，按【Enter】键确定，将照片裁剪成标准两寸证件照，如图1-39所示。

图1-38　设置裁切尺寸　　　　　图1-39　标准2寸证件照

步骤4　证件照排版。选中裁剪好的2寸照片，按【Ctrl+A】组合键全选照片，按【Ctrl+C】组合键拷贝，选择"文件"→"新建"菜单命令，设置新建文档尺寸如图1-40所示，得到一个5寸标准文档。在新建文档中按【Ctrl+V】组合键依次粘贴4张2寸照片，使用"移动工具" 将4张2寸照片均匀排好，如图1-41所示。

步骤5　合层并保存文档。选择"窗口"→"图层"菜单命令，打开图层面板，查看当前图层状况，发现有5个图层，如图1-42所示；为了便于查看、节省空间，需要合层，单击图层面板右上角的 按钮，选择"拼合图像"选项，将 5 个图层合并为一个图层，如图 1-43 所示；按【Ctrl+S】组合键保存文档。重复步骤 3～5，裁剪 1 寸证件照排版到 5 寸照片上，效果如图 1-44 所示。

图 1-40　新建 5 寸标准文档

图 1-41　2 寸照片排版

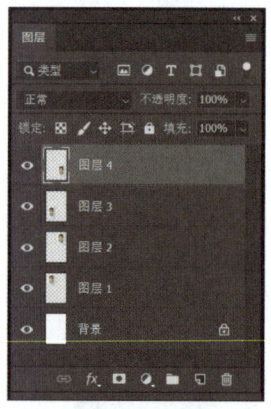

图 1-42　图层状况

图 1-43　合并图层

图 1-44　1 寸照片排版

2. 职业形象照的背景更换

步骤 1 打开素材文件。选择"文件"→"打开"→"职业照 .jpg"文件，如图 1-45 所示。

职业形象照换背景
1- 粗选轮廓

步骤 2 选取人物轮廓。选择"魔棒工具" ，"容差"值默认"32"，勾选"连续" 选项，选出白色背景区域，衣服的白色条纹也被选入，使用"多边形套索工具" ，在上方属性栏选择"从选区减去" 按钮，拖动鼠标减去衣服白色条纹选区，如图 1-46 所示，执行"选择"→"反选"菜单命令，得到人物的粗略选区。

图 1-45　素材文件　　　　　　　　图 1-46　粗选轮廓

步骤 3 细调人物边缘轮廓。单击属性栏中的"选择并遮住" 按钮，调出"选择并遮住"属性面板，选择"视图模式"为"黑底"，勾选"显示边缘"复选框，不透明度"70%"，边缘检测"半径 46 像素"，勾选"智能半径"，此时能清晰分辨选区边缘，如图 1-47 所示，其基本工作原理是，沿选区边缘同时向内向外扩张半径数值区域，获得一个外轮廓和一个内轮廓，Photoshop 自动在两轮廓之间通过比较像素的色值计算出对象的复杂轮廓。勾选智能半径，即自动调整边界区域中硬边缘和柔化边缘的半径。

职业形象照换背景
2- 细调边缘轮廓

图 1-47　调整边缘轮廓

步骤 4　切换"视图模式"查看效果。将"视图模式"切换为"叠加"或"闪烁虚线"模式，可以更好地查看边缘轮廓，如图 1-48 所示。

图 1-48　切换视图模式查看选区

步骤 5　设置"全局调整"参数。在"全局调整"选项组中设置"平滑"为"2"，"羽化"为"0.3"，略微消除锐度，"移动边缘"为"-9%"，使用负值可以向内移动柔化边缘的边框，从而去除选区边缘不想要的背景色，如图 1-49 所示。

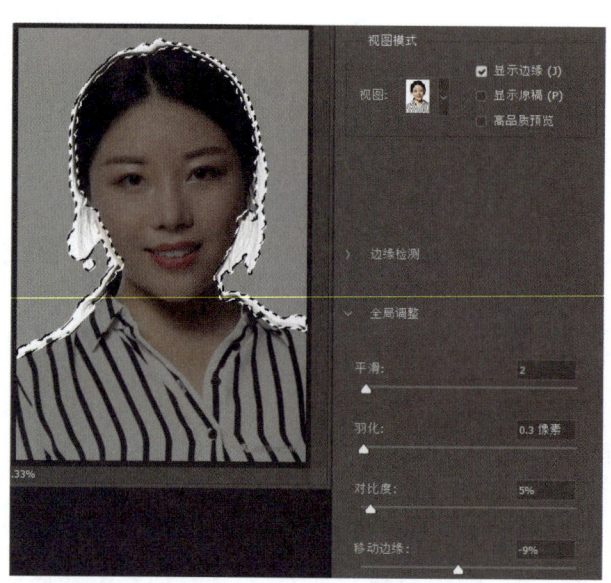

图 1-49　全局调整

步骤 6　"输出设置"参数。在"输出设置"选项中勾选"净化颜色"复选框，如图 1-50 所示，可有效去除背景色对图像边缘的影响。净化边缘会将彩色边缘替换为附近完全选中像素的颜色，替换的强度与选区边缘的软化度成比例，由于此选项更改了像素颜色，因此选择输出到"新建带有图层蒙版的图层"，保留原始图层，以便需要时恢复到原始状态。利用"调整边缘画笔工具" 处理发丝间残留的环境色，如图 1-51 所示。

图 1-50　净化颜色

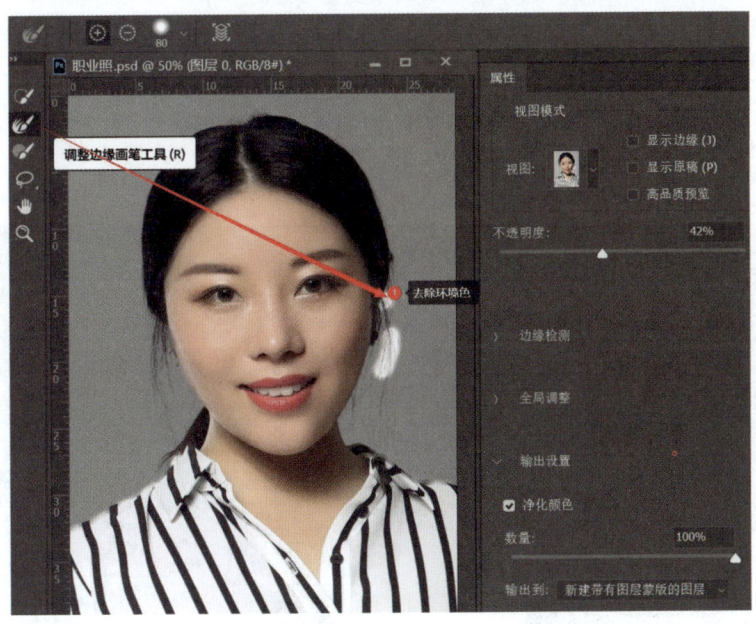

图 1-51　处理发丝间残留的环境色

步骤 7　切换到"黑白视图模式"。在调整选区边缘的过程中，可以切换不同的视图模式来观察当前参数的抠图效果，最易于观察的是"黑白视图模式"。在该模式下，白色区域表示完全被选中，黑色区域表示未选中，灰色区域代表不同程度的透明状态。如图 1-52 所示，人物面部应为纯白区域，现在边缘有些灰，需要去除。

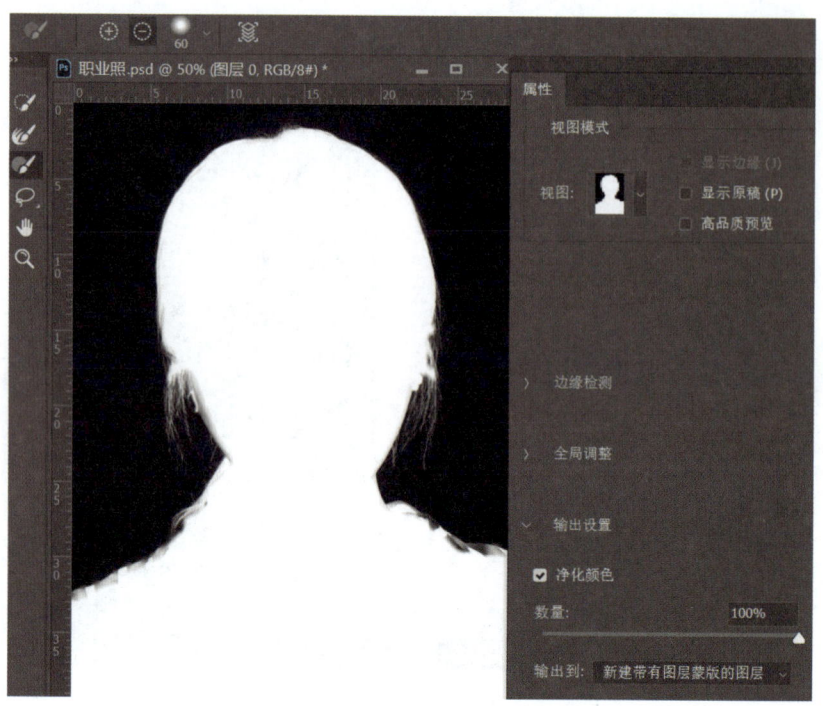

图 1-52　黑白视图模式下辨别轮廓

职业形象照换背景 3-
输出蒙版层细描发丝

步骤 8　进入蒙版编辑模式。将当前抠像区域输出到一个带有图层蒙版的图层,按住【Alt】键单击蒙版缩览图进入蒙版编辑模式,此时,使用白色笔刷将脸部灰色涂抹成白色即可,如图 1-53 所示;按住【Alt】键单击蒙版缩览图退出蒙版编辑模式。

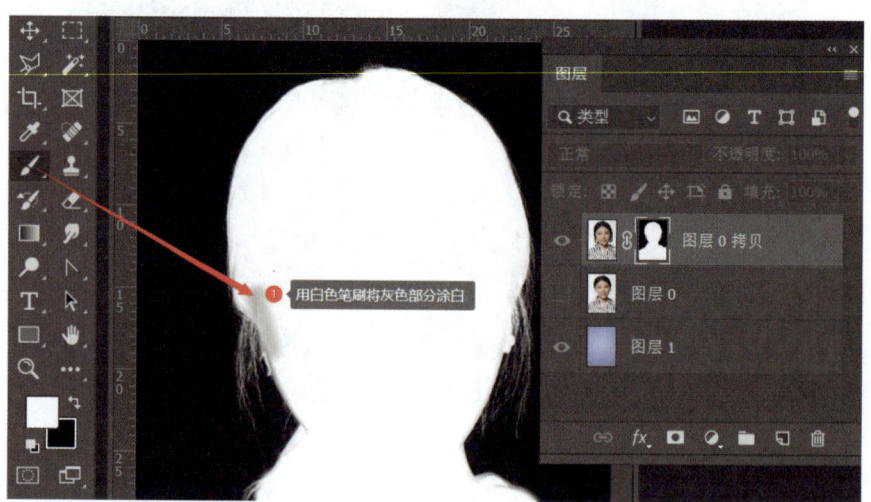

图 1-53　在带有图层蒙版的图层编辑

步骤 9　描出发丝细节。在图层蒙版缩览图上右击,选择"应用图层蒙版",如图 1-54 所示。单击图层面板上"锁定:"后面的"锁定透明像素"■按钮,将该图层的透明区域锁定，用黑色笔刷涂抹发丝区域，描黑通道内已抽出但因透明程度太大而不明显的发丝，注意不要过度涂抹。处理完成后，再次单击"锁定透明像素"按钮，取消锁定透明像素。最后用1像素的虚画笔在新建图层添加一些发丝来丰富头发细节，如图1-55所示。

图 1-54　应用图层蒙版

图 1-55　描画发丝效果

步骤10　更换背景。在人物图层下方新建图层，设置前景色为"#6785f7"，背景色为"#a9cdf9"，选择"渐变工具"，在新建图层由上向下拖动鼠标做"线性渐变"，为画面填充蓝色渐变背景，效果如图1-56所示。至此，职业形象照的背景更换完成。

图 1-56　更换背景完成

【任务小结】

以上任务内容细致讲解了证件照及职业形象照的打造。证件照要重点掌握不同的尺寸与排版要求，主要使用裁剪工具、复制图层等方法。职业形象照重点知识是运用选区、选择并遮住、蒙版实现对复杂轮廓的抠图技巧。

任务拓展

1. 请同学们运用以上所学知识，为家人或朋友拍摄证件照一组，分别裁剪成普通证件照和去欧洲的护照尺寸，然后完成排版。

2. 为好朋友拍摄制作一张准备去职场应聘的形象照，要求彰显个人气质，服装与背景搭配和谐。

任务三　使用动作及批处理提升工作效率

【任务描述】

在从事影像处理工作时会有很多重复的工作任务让人感觉枯燥又费时费力，Photoshop 软件提供了"动作"面板来解决这方面的问题。"动作"面板中有默认动作，里面包含一些常用图像处理方法和步骤，我们也可以在动作面板中自行录制动作并保存起来，以备后面的重复操作使用。

【任务目标】

会使用默认动作完成常用图像处理效果；熟悉动作的录制、播放方法，能自行录制动作用于重复工作时使用；会使用批处理对文件夹资料进行批量整理。

【知识链接】

1. 创建自己的动作

在工作中，大家都希望省时省力高效率完成任务，Photoshop 不仅为用户提供了大量的快捷键，同时还开发了"动作"面板，方便用户根据需要自行录制动作保存，应用到一些重复命令和操作当中。

2. 快速进行批处理

Photoshop 中，批处理主要应用在大批量需要相同设置和操作步骤的图片，比如阴天拍摄的一组照片都需要调整亮度和色彩，有时同一批文件尺寸过大占用空间等，这时就可以先录制一个调整亮度或改变尺寸的动作，然后对整个文件夹运行此动作完成批处理，就能够大大提高工作效率。

【任务实施】

1. 创建自己的动作

默认动作

选择"窗口"→"动作"菜单命令，打开"动作"面板，单击"默认动作"箭头按钮，可以看到下拉列表中保存了一些常用的默认动作，Photoshop 将一些常用的设计效果操作步骤存储起来供大家使用，如"木质画框""水中倒影"等，我们只需打开想要应用默认动作的文档，然后单击其中一个默认动作，按"动作"面板下方的"播放选定的动作"按钮，就能得到想要的效果。默认动作如图 1-57 所示；每一个默认动作下面都包含着一系列操作步骤，如图 1-58 所示。

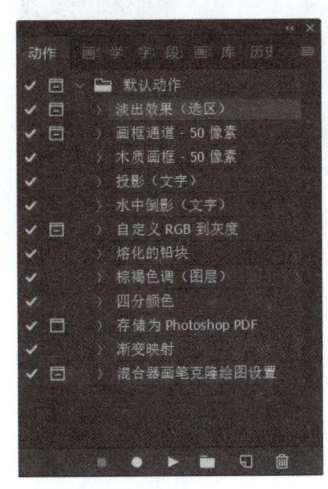

图 1-57　软件提供的默认动作

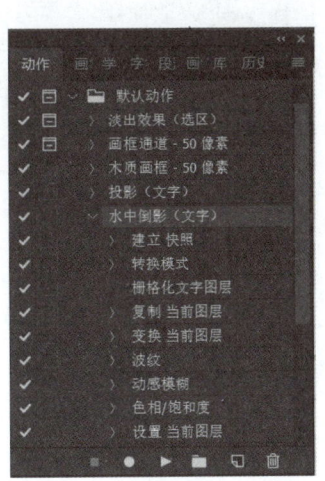

图 1-58　默认动作中的步骤

下面我们使用"默认动作"为风景照片制作"木质画框"效果。

步骤 1　打开素材并选择默认动作。在 Photoshop 中选择"文件"→"打开"菜单命令,打开"因特拉肯.jpg"文档,如图1-59所示;选择"默认动作"面板中的"木质画框"。

步骤2 赋予动作。单击"动作"面板下方的"播放选定的动作"▶按钮,如图1-60所示;系统就会将"木质画框"包含的一系列操作步骤赋予风景照片,得到最终效果如图1-61所示。

 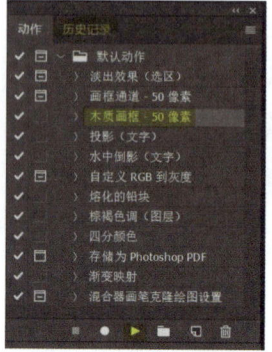

图1-59 因特拉肯照片素材　　　　　　　　图1-60 木质画框动作的运用

图1-61 木质画框效果

重复步骤1、步骤2的操作,为素材"面具照片"赋予默认动作中的"四分颜色",原素材及赋予默认动作后的效果分别如图1-62和图1-63所示。

创建并使用动作

创建并使用动作

除了常用的"默认动作",我们可以根据工作需要自己灵活录制动作,为后续的重复工作提供便利。下面我们以录制2寸证件照排版为例学习动作的录制及使用。

步骤1 打开素材并裁剪为标准2寸照片。在Photoshop中选择"文件"→"打开"菜单命令,打开"小圆.jpg"文档。在工具箱中选择"裁剪工具"🔲,设置裁切尺寸为宽 3.5 厘米 × 高 5 厘米，分辨率为 300 像素 / 英寸，在画面上拖动鼠标选择合适区域进行裁切，如图 1-64 所示。

图 1-62　面具照片素材

图 1-63　四分颜色效果

图 1-64　裁剪 2 寸照片

步骤2 新建组新建动作。打开"动作面板",单击"动作"面板下方的"创建新组"按钮,如图1-65所示;为新组命名"组1"并按"确定"按钮。单击"动作面板"下方的"创建新动作"按钮,在"新建动作"对话框中设置新动作名称为"2寸",功能键"F2",单击"记录"按钮,如图1-66所示;"动作面板"中的"记录按钮"变成红色,进入准备录制状态,如图1-67所示。

图1-65 新建组

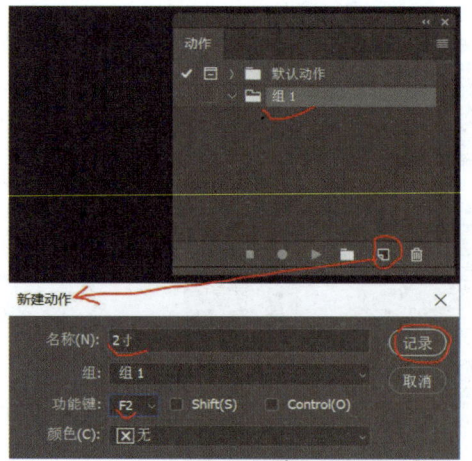

图1-66 创建新动作

图1-67 准备录制状态

步骤3 录制动作。选中已裁切好的2寸照片,按【Ctrl+A】组合键全选图片,按【Ctrl+C】组合键复制选区,按【Ctrl+N】组合键新建文档,设置文档尺寸为宽3.5英寸、高5英寸,分辨率为300像素/英寸,如图1-68所示;按【Ctrl+V】组合键在新建文档中粘贴已复制好的2寸照片4张,结合"移动工具"将照片排放整齐,打开图层面板,单击图层面板右上角按钮,选择"拼合图像"选项,将所有图层合并为一个图层,效果如图 1-69 所示；单击动作面板下方的"停止播放 / 记录" ■ 按钮，结束动作记录，效果如图 1-70 所示。

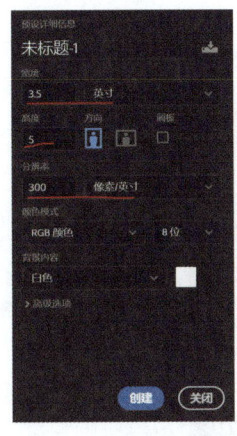
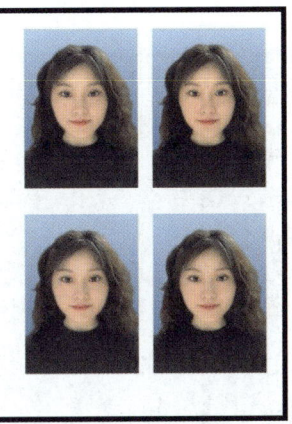
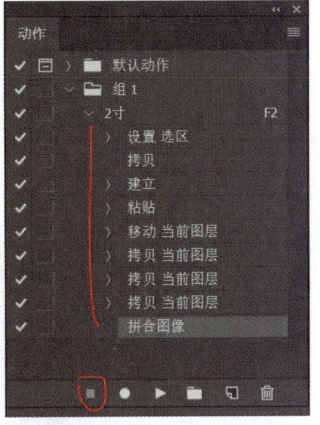

图 1-68　新建排版文档　　　图 1-69　2 寸照片排版　　　图 1-70　结束动作记录

步骤 4　使用录制好的动作为其他照片排版。在 Photoshop 中选择"文件"→"打开"菜单命令，打开"美佳 .jpg"文件，使用"裁剪工具" ，将照片裁剪为标准 2 寸，选中动作面板中刚录制好的动作"2 寸"，单击面板底部"播放选定的动作" ▶ 按钮（或按快捷键 F2），效果如图 1-71 所示；得到排版并合层的整版照片，如图 1-72 所示；按【Ctrl+S】组合键保存照片。

图 1-71　播放录制好的动作　　　　　　　　图 1-72　排版效果

2. 快速进行批处理

步骤 1　录制一个完整的动作步骤。在 Photoshop 中选择"文件"→"打开"菜单命令，打开"金屋顶"文件夹中的任意一个文件，打开"动作"面板，单击"创建新组" 按钮，命名为"组 2"，单击"创建新动作" 按钮，命名为"调色尺寸"，启动"记录" ● 按钮，进入动作录制状态，效果如图 1-73 所示；按【Ctrl+M】组合键打开"曲线"对话框，调整曲线呈"S 形"以加强画面对比度及亮度,如图 1-74 所示;选择"图像"→"图像大小"菜单命令,压缩设置图像尺寸如图 1-75 所示。并将调整好的文件另存到新建文件夹"屋顶"中。

图 1-73　创建新动作

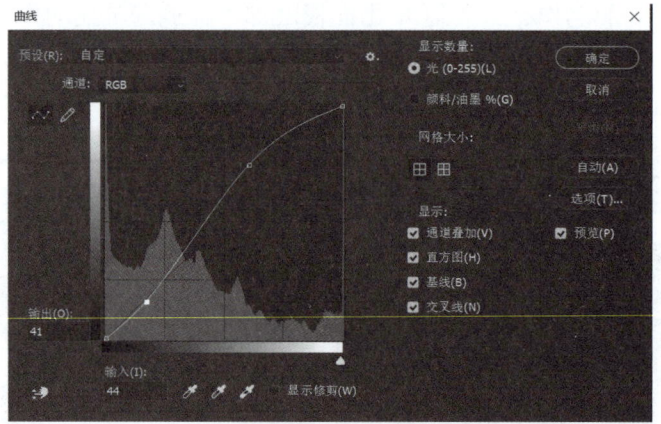

图 1-74　使用曲线调整亮度

图 1-75　压缩图像尺寸

步骤 2 为整个文件夹的图片应用批处理。在 Photoshop 中，选择"文件"→"自动"→"批处理"菜单命令，打开"批处理"对话框，设置播放"组 2"→"调色尺寸"。源"文件夹"选择"金屋顶"，并勾选"包含所有子文件夹"选项；目标"文件夹"选择"桌面/屋顶"，并勾选"覆盖动作中的存储为命令"选项；对文件命名进行设置，效果如图 1-76 所示，单击"确定"按钮。

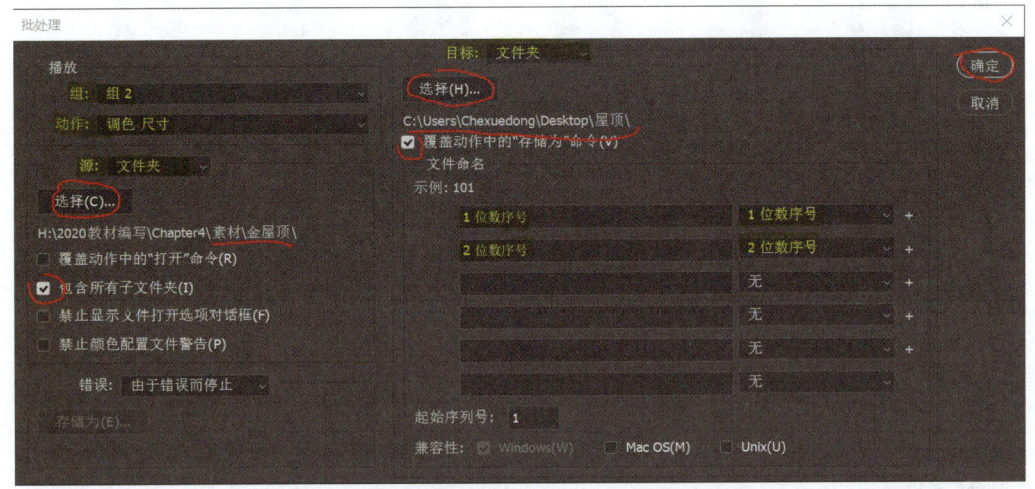

图 1-76 为整个文件夹应用批处理

调色及压缩完的文件比原图整体提亮了很多，也减少了占用空间，并已重命名，效果如图 1-77 所示，调色前文件夹如图 1-78 所示。

图 1-77 应用批处理调色及压缩后的文件

图 1-78　调色前的文件夹

选择"文件"→"脚本"→"图像处理器"菜单命令，在弹出的对话框中，也可以对文件类型存储格式、图像的尺寸进行简单的批处理，同学们可以大胆尝试练习。

【任务小结】

以上任务内容细致讲解了在动作面板中如何使用默认动作完成图像的普通处理效果，如何录制自己的动作并应用到后续的重复操作中，以及批处理的相应设置。

核心技术：动作面板、图层、快捷键。

实际运用：企事业、学校等团体证件的批量处理，杂志社、出版社海量图片资料整理。

任务拓展

请同学们运用以上所学知识，创建并录制更换尺寸、调整颜色的动作，并使用批处理命令应用到一个阴天拍摄的图片文件夹中，要求批处理文件命名为 4 位数。

任务四　Photoshop 与多款软件联合使用

【任务描述】

Photoshop 支持几十种文件格式，因此能很好地支持多种应用程序，在 Photoshop 中将设计制作的图片存储为某种特殊格式，可以在其他软件中非常方便地调用。本次任务就是将在 Photoshop 中处理的图片应用到 Word 文档、二维动画制作软件 Animate 以及 Premiere 中。

【任务目标】

熟悉 Photoshop 中各种文件存储格式，会根据后续工作需要将处理好的图像保存为相应的质量和格式。

【知识链接】

1. 图片保存格式与 Word 文档

在 Word 文档中，图片"文字环绕"的布局有嵌入型、上下型、浮于文字上方、紧密型等，如果想让一些标志、图案类的图形浮于文字上方，就需要将处理好的图像保存为 PNG 格式。

2. 与二维动画制作软件 Animate 联合使用

我们知道，在 Animate 软件中制作动画，需要分层处理动作，那么在 Photoshop 中创作的原画或背景就要分层保存为 PSD 格式，才便于导入 Animate 中使用。

【任务实施】

1. 图片保存格式与 Word 文档

步骤 1　在 Photoshop 中设计标志并存储。在 Photoshop 中将设计好的标志只保留一个图层，标志以外的空白区域保持透明，效果如图 1-79 所示，选择"文件"→"存储为"菜单命令，存储文件名为"标志"，存储格式为"PNG"格式，效果如图 1-80 所示。

图 1-79　保留一个图层　　　　　图 1-80　设定存储格式

步骤 2　在 Word 中插入图片。打开 Word 文档"龙的传人"，选择"插入"菜单命令，单击"图片"图标，在资源管理器中选择"标志 .png"，插入 Word 文档，调整标志大小，效果如图 1-81 所示；在标志上右击，选择"大小和位置"→"文字环绕"→"浮于文字上方"→确定，调整标志位置和大小，使图片与文字很好地融合在一起，效果如图 1-82 所示。

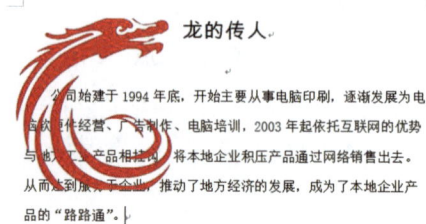

图 1-81　在 Word 文档中插入图片　　　　图 1-82　使图片浮于文字上方

2. 与二维动画制作软件 Animate 联合使用

在 Photoshop 中将设计制作的人物或镂空图案剔除背景存储为 PNG 格式，导入到 Animate 舞台中不需重新抠图即可直接使用；而存储为 PSD 格式的文档导入到 Animate 中更便于进行分层制作动画，下面讲解 PSD 格式文档导入二维动画制作软件 Animate 中的设置及使用方法。

步骤 1　存储为 PSD 格式。在 Photoshop 中将制作完成的漫画命名为"工作"，存储格式为"PSD"，保持人物、猫咪、窗帘、桌椅等场景的前后关系及独立图层状态，效果如图 1-83 所示。

图 1-83　分层保存的 PSD 文件

步骤 2　在 Animate 中导入 PSD 格式文件。启动 Animate CC 2019，新建 ActionScript 3.0 文档。选择"文件"→"导入"→"导入到舞台"菜单命令，打开"工作.psd"文件，在对话框中进行相应设置，如图 1-84 所示；单击"导入"按钮，将素材导入到 Animate 舞台中，可以看到人物、桌椅、背景等素材被分别置于时间轴上不同的图层，非常便于后期单个人物分层制作动画，资源库中也同时进行了保存，效果如图 1-85 所示。

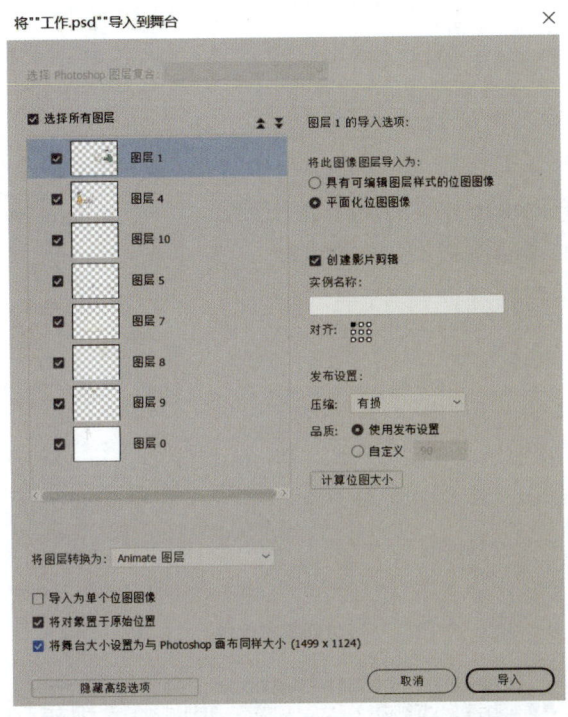

图 1-84　PSD 文件导入 Animate 时的设置

图 1-85　导入素材分别置于时间轴上不同的图层

3. 与 Premiere 联合使用

Photoshop 与后期剪辑软件 Premiere 也能很好地协作使用，在 Photoshop 中设计制作视频模板画面存储为 PSD 格式，导入 Premiere 时选择保留图层，然后将模板画面拖到视频轨迹的上方即可使用，同学们可以自由练习尝试。

【任务小结】

以上任务内容讲解了如何将 Photoshop 中处理的图片应用到 Word 文档、二维动画制作软件 Animate 以及 Premiere 中的存储与使用方法。

核心技术：文档的存储格式 PSD、PNG。

实际运用：图文公司的综合业务。

任务拓展

1. 请同学们运用以上所学知识，使用 Photoshop 为古玩店制作标志性艺术图案，并运用到古玩店文档资料中，要求图案衬于文字下方。效果如图 1-86 所示。

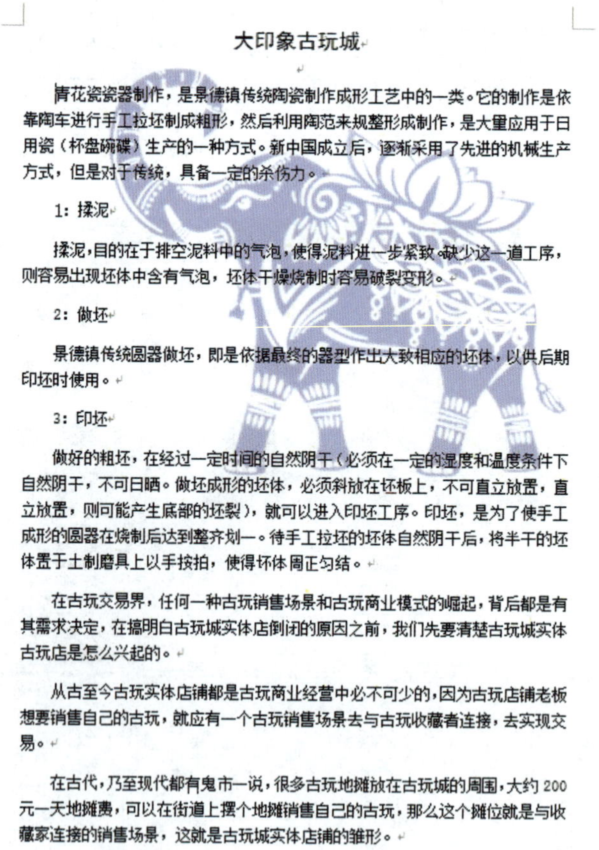

大印象古玩城

青花瓷瓷器制作，是景德镇传统陶瓷制作成形工艺中的一类。它的制作是依靠陶车进行手工拉坯制成粗形，然后利用陶范来规整形成制作，是大量应用于日用瓷（杯盘碗碟）生产的一种方式。新中国成立后，逐渐采用了先进的机械生产方式，但是对于传统，具备一定的杀伤力。

1：揉泥

揉泥，目的在于排空泥料中的气泡，使得泥料进一步紧致，缺少这一道工序，则容易出现坯体中含有气泡，坯体干燥烧制时容易破裂变形。

2：做坯

景德镇传统圆器做坯，即是依据最终的器型作出大致相应的坯体，以供后期印坯时使用。

3：印坯

做好的粗坯，在经过一定时间的自然阴干（必须在一定的湿度和温度条件下自然阴干，不可日晒。做坯成形的坯体，必须斜放在坯板上，不可直立放置，直立放置，则可能产生底部的坯裂），就可以进入印坯工序。印坯，是为了使手工成形的圆器在烧制后达到整齐划一。待手工拉坯的坯体自然阴干后，将半干的坯体置于土制磨具上以手按拍，使得坯体周正匀结。

在古玩交易界，任何一种古玩销售场景和古玩商业模式的崛起，背后都是有其需求决定，在搞明白古玩城实体店倒闭的原因之前，我们先要清楚古玩城实体古玩店是怎么兴起的。

从古至今古玩实体店铺都是古玩商业经营中必不可少的，因为古玩店铺老板想要销售自己的古玩，就应有一个古玩销售场景去与古玩收藏者连接，去实现交易。

在古代，乃至现代都有鬼市一说，很多古玩地摊放在古玩城的周围，大约 200 元一天地摊费，可以在街道上摆个地摊销售自己的古玩，那么这个摊位就是与收藏家连接的销售场景，这就是古玩城实体店铺的雏形。

图 1-86　大印象古玩城文件资料

2．请同学们利用业余时间，在 Photoshop 中创作《愚公移山》原画形象及背景，存储为 PSD 格式，保留独立图层文件，然后导入 Animate 软件中，分层制作动画。效果如图 1-87 所示。

图 1-87　愚公移山效果图

随手笔记

项目 2
Babyhope 母婴品牌项目

项目导读

Babyhope 是一家母婴产品品牌，主要生产新生儿至 4 岁儿童的生活用品，例如：婴儿床、婴儿车、护肤用品、尿不湿、奶瓶等。该品牌产品主打纯天然，没有任何对宝宝有害的物质或添加剂，使宝宝安全，让妈妈放心。品牌理念：为宝宝提供精致的呵护，为妈妈提供安心的服务。下面我们进行该品牌项目的制作，一共分为四个任务：标志设计、VI 设计、包装设计与网页设计。

教学目标

- 了解品牌项目内容。
- 掌握品牌项目制作方法。

任务一　Babyhope 品牌标志设计

【任务描述】

Babyhope 作为母婴产品品牌，在标志（logo）设计中，为了体现妈妈和宝宝的互动关系，表达妈妈对宝宝的精心呵护，以及对宝宝健康成长的希望，用简洁的图形进行设计。

【任务目标】

为 Babyhope 品牌制作标志。

【知识链接】

标志是品牌形象核心部分，是表明事物特征的识别符号。它以单纯、显著、易识别的形象、图形或文字符号为直观语言，除表示什么，代替什么之外，还具有表达意义、情感和指令行动等作用。

设计原则：

（1）设计应在详尽明了设计对象的使用目的、适用范畴及有关法规等有关情况和深刻领会其功能性要求的前提下进行。

（2）设计须充分考虑其实现的可行性，针对其应用形式、材料和制作条件采取相应的设计手段。同时还要顾及应用于其他视觉传播方式（如印刷、广告、映像等）或放大、缩小时的视觉效果。

（3）设计要符合受众的直观接受能力、审美意识、社会心理和禁忌。

（4）构思须慎重推敲，力求深刻、巧妙、新颖、独特，表意准确，能经受住时间的考验。

（5）构图要凝练、美观、适形（适应其应用物的形态）。

（6）图形、符号既要简练、概括，又要讲究艺术性。

（7）色彩要单纯、强烈、醒目。

（8）遵循标志设计的艺术规律，创造性地探求恰当的艺术表现形式和手法，锤炼出精当的艺术语言，使所设计的标志具有高度的整体美感、获得最佳视觉效果。标志艺术除具有一般的设计艺术规律（如装饰美、秩序美等）之外，还有其独特的艺术规律。

【任务实施】

1. 标志图形设计

标志图形设计

在 Babyhope 品牌标志图形设计中，如何表达品牌理念，围绕宝宝和妈妈两个角色建立图形关系，我们可以尝试用简单的几何形体来表现人物关系，同时还能使整个标志图形简洁明了。图形采用上下结构，拟人化地表达家长举起孩子一起玩闹的动作或状态，也体现了父母对孩子的爱与希望。通过该案例，学习图像的绘制、剪切、着色等技巧。

步骤 1　在新建文件中，用椭圆工具按【Shift】键绘制正圆，在属性栏中选择描边，制作出圆环，如图 2-1 所示。

步骤 2　按【Ctrl+J】组合键复制该圆，缩小后居中，取消描边，填充颜色为黑色，如图 2-2 所示。

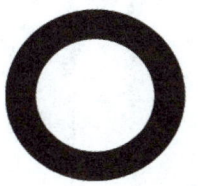
图 2-1　绘制圆环

图 2-2　复制圆环

步骤 3　栅格化圆环所在图层，用矩形选框工具创建矩形选区，放置在圆环中线位置，按【Delete】键删除圆环上半部分，按【Ctrl+D】组合键取消选区，如图 2-3 所示。

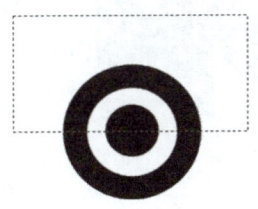 

图 2-3　删除圆环上半部分

步骤 4　用椭圆工具绘制两个小正圆，放置在圆环两侧，如图 2-4 所示。

步骤 5　复制圆环所在图层，按【Ctrl+T】组合键垂直翻转，调整位置，如图 2-5 所示。

图 2-4　绘制小正圆

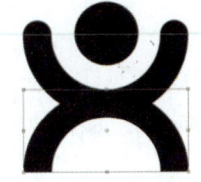
图 2-5　复制圆环图层

步骤 6　按【Ctrl+E】组合键将两个小圆和圆环图层合并，复制并垂直翻转，调整位置，如图 2-6 所示。

步骤 7　同理将图 2-4 所示的图层合并，复制并缩小该图层，放置在合适的位置，如图 2-7 所示。

步骤 8　将前景色设置为 #0064f0，按【Alt+Delete】组合键填充背景图层颜色；分

别将前景色设置为 #fcc900、#ffffff，按【Alt+Delete】组合键对绘制好的图形填充颜色，最终效果如图 2-8 所示。

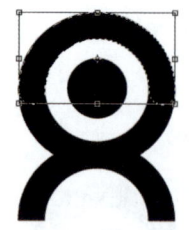

图 2-6　复制翻转图层

图 2-7　黑白标志图形

图 2-8　彩色标志图形

2. 标志字体设计

标志字体设计

标志设计中，有图形标志、文字标志，也有图文结合在一起的标志，在 Babyhope 品牌项目中，我们设计的品牌标志是图文结合的形式，下面我们一起制作标志中的字体。

步骤 1　新建 10 厘米 ×40 厘米的画布，填充底色为灰色，用椭圆工具绘制 388 像素 ×388 像素的圆环，描边大小为 70 像素，颜色为白色，在"视图"菜单中新建参考线，如图 2-9 所示。

步骤 2　用矩形工具绘制矩形，置于圆环的左侧，创建直径与矩形宽度相同的正圆分别置于矩形的两端，如图 2-10 所示。

图 2-9　新建参考线

图 2-10　创建矩形和正圆

步骤 3 复制圆环并删除下半部分,用矩形和圆形制作字母 A 的两端,如图 2-11 所示。

图 2-11　创建字母 A 的两端

步骤 4 创建与字母 b 相同粗细的矩形,放置在字母 A 的内部,每个字母之间的间隔为 10 毫米,效果如图 2-12 所示。

图 2-12　创建横线

步骤 5 复制字母 b 将其移动到合适位置,复制字母 A 的外轮廓,创建字母 y,如图 2-13 所示。

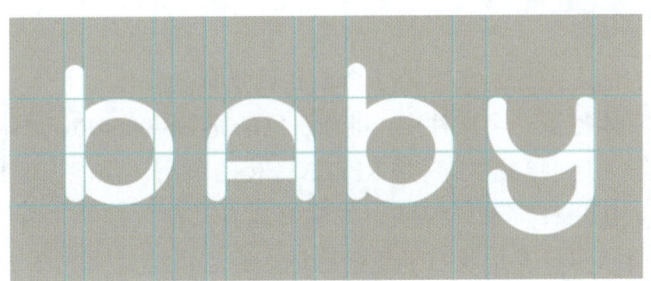

图 2-13　创建 by

步骤 6 用同样的方法制作剩余字体,效果如图 2-14 所示。

图 2-14　制作剩余字体

步骤 7 用直线工具创建直线，放置在画面中参考线的位置，用椭圆工具绘制正圆并描边，放置在字母笔画终端，最终效果如图 2-15 所示。

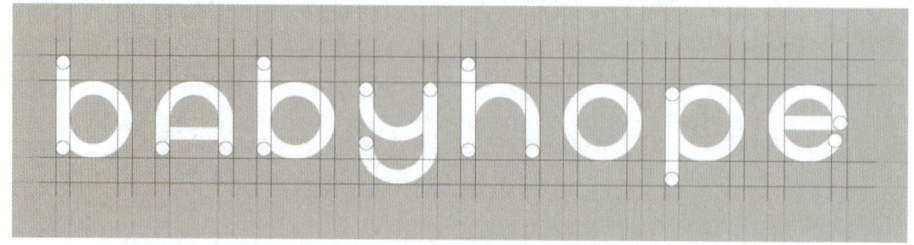

图 2-15 文字标准制图

步骤 8 将前景色分别设置为黑色与白色，按【Alt+Delete】组合键分别填充字体和背景图层颜色，最终效果如图 2-16 所示。

图 2-16 文字黑白稿

3. 品牌标志效果图

将我们制作好的标志图形与文字相结合，并设置背景颜色。

将标志图形与字体置于一个文件中，将背景色填充为 #0064f0，字体颜色填充为白色，用自定形状工具绘制注册商标。"R"是 REGISTER 的缩写，是注册商标的意思，代表已经取得商标专用权。可以在商品、包装、说明书或者其他附属物上标明注册商标，使用注册标记时可以在商标的右上角或右下角来标记。标志最终效果如图 2-17 所示。

图 2-17 标志效果图

【任务小结】

标志设计不仅是实用物的设计，也是一种图形艺术的设计。它与其他图形艺术表现手段既有相同之处，又有自己的艺术规律。必须体现前述的特点，才能更好地发挥其功能。由于对其简练、概括、完美的要求十分苛刻，即要完美到几乎找不到更好的替代方案，其难度比其他任何图形艺术设计都要大得多。

在设计标志时，我们可以新建参考线帮助我们更好地确定图形的大小、距离等要素；图形的设计可以利用 Photoshop 中的矢量工具组创建图形，在删减图形时需要将图层栅格化操作。

任务拓展

使用钢笔工具、矢量工具组设计标志图形，效果如图 2-18 所示。

图 2-18　标志图形

任务二　Babyhope 品牌 VI 设计

【任务描述】

对于客户而言，各种品牌企业的基础设计是通过 VI 系统标准化的基本设计要素。

【任务目标】

Babyhope 品牌 VI 设计。

【知识链接】

VI 全称 Visual Identity，即企业视觉识别系统，是企业形象设计的重要组成部分。企业视觉识别是企业所独有的一整套识别标志，它是企业理念的外在的、形象化的表现，理念特征是视觉特征的精神内涵。企业视觉系统是企业识别系统的具体化、视觉化。

VI 的基本元素设计包括：公司徽标，公司标准颜色，辅助颜色，公司标准文字生产规范等。

VI 应用系统的设计包括：

（1）办公用品：信纸、便条、信封、传真纸、名片、文件夹、工作许可证、邀请函、办公笔、文件袋。

（2）包装：包装纸、手提袋、包装盒。

（3）建筑风格：建筑墙面标识、标志设计规范。

（4）公司车身设计：公司巴士、厢式货车等。

（5）服装类别：工人服装（春季和夏季）、营业员服装（春季和夏季）、售后人员服装（春季和夏季）、T 恤、上班族服装（春季和夏季）、领带。

（6）媒体风格：宣传 DM、海报风格、POP 风格、报纸广告风格、杂志广告风格、公司简介封面风格、电视广告标准风格。

【任务实施】

1. Babyhope 品牌 VI 基本元素

在 Babyhope 品牌 VI 设计中，我们采用两种颜色区别妈妈和宝宝的角色，选用较为活泼的颜色作为宝宝的颜色，颜色对比强烈，追求简单、明了的视觉效果。Babyhope 品牌 VI 设计基本元素包含了标志、标准色、辅助色、标志黑白稿、辅助图形以及标准字，如图 2-19 所示。

图 2-19　VI 基本元素

2. Babyhope 品牌 VI 办公应用系统

VI 办公系统的应用在 VI 应用中最为常见，下面我们一起通过该案例，学习图形的绘制、图层样式的制作等技巧。

步骤 1　打开背景素材文件，如图 2-20 所示，创建矩形并填充颜色 #0064f0，如图 2-21 所示。

图 2-20　素材文件

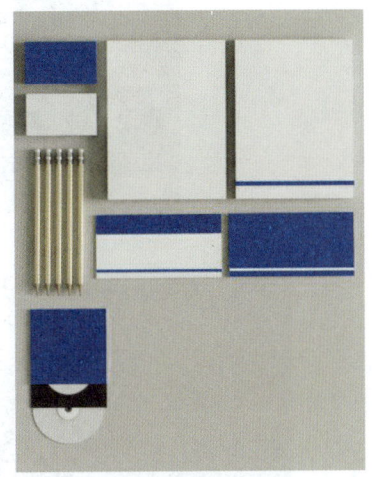
图 2-21　填充颜色

步骤 2　填充文字和标志，将辅助图形去色，降低饱和度，为其创建剪切蒙版，效果如图 2-22 所示。

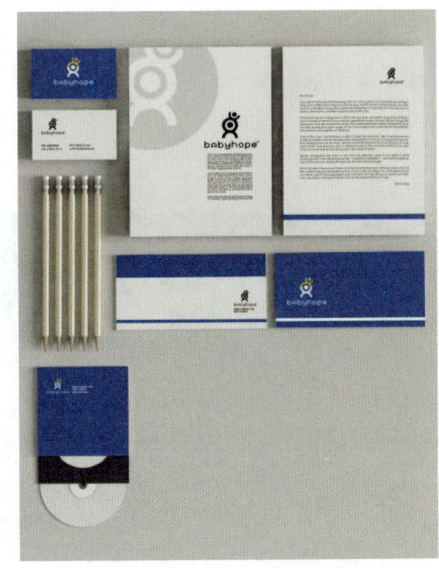
图 2-22　填充文字和标志

步骤 3　将标志置入到文件中，填充颜色 #cccdc9，调整大小和位置，为该图层添加图层样式，选择斜面和浮雕模式，添加投影，参数值如图 2-23 所示。

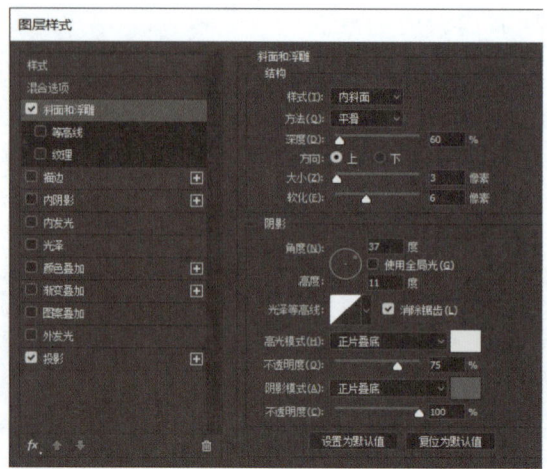

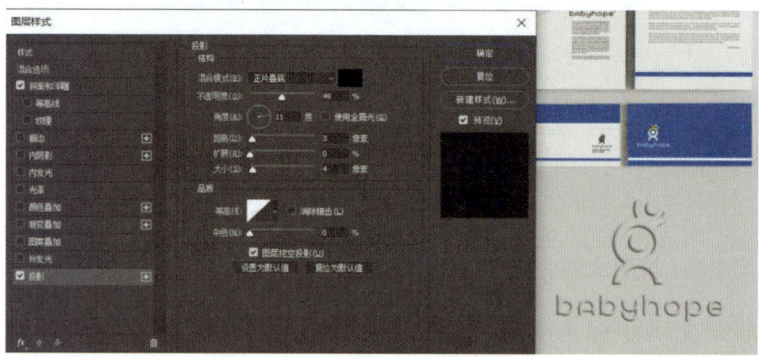

图 2-23　参数值

步骤 4　将标志置入到文件中,调整大小以覆盖刚才制作的图层,为新图层添加图层样式,选择斜面和浮雕模式,添加投影,参数值如图 2-24 所示。最终效果图如图 2-25 所示。

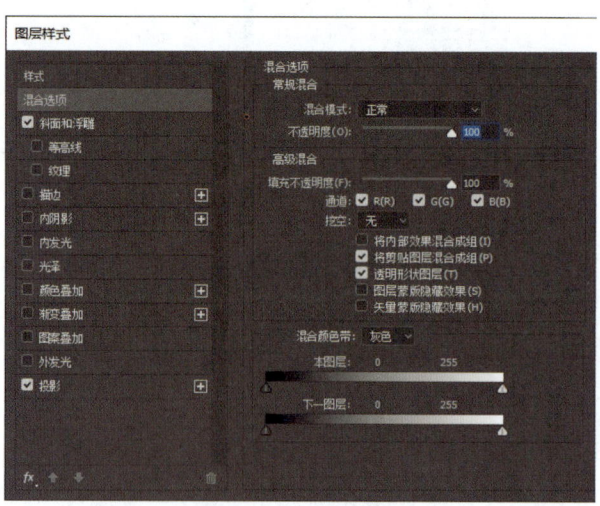

图 2-24　参数设置

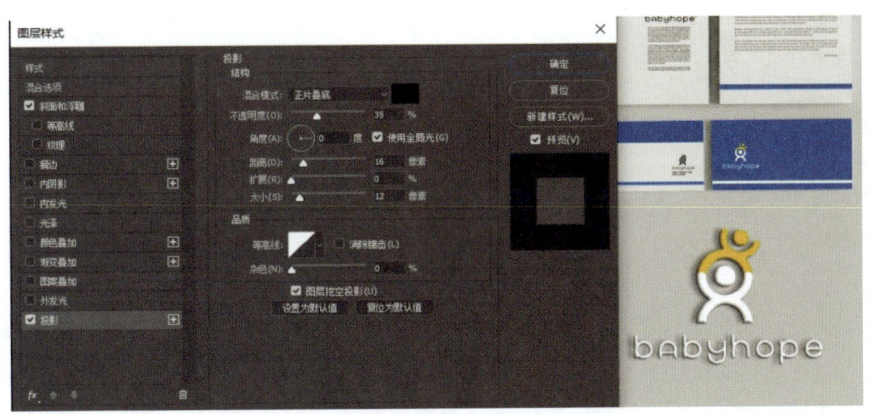

图 2-24　参数设置（续图）

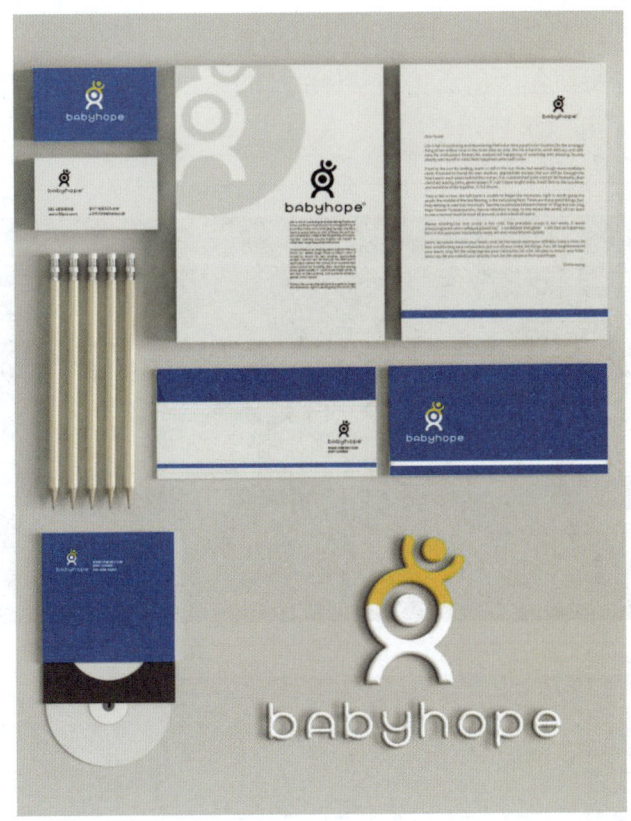

图 2-25　最终效果

3. Babyhope 标志钢印效果制作

在 VI 设计中，有很多标志效果，比如：钢印效果、烫金效果、凹凸效果等。下面我们通过该案例，学习图层样式的添加与调整曲线等技巧。

步骤 1　打开素材文件如图 2-26 所示，将标志置于文件中，按【Ctrl+T】组合键，调整标志的透视关系和位置，如图 2-27 所示。

Babyhope 标志
钢印效果制作

图 2-26　打开素材　　　　　　　　　图 2-27　调整透视关系

步骤 2　为该标志所在图层添加图层样式，设置斜面和浮雕、内阴影、颜色叠加和投影效果，参数值如图 2-28 所示。

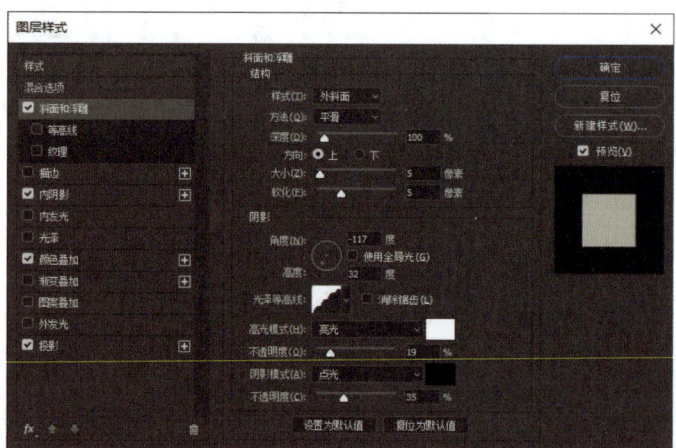

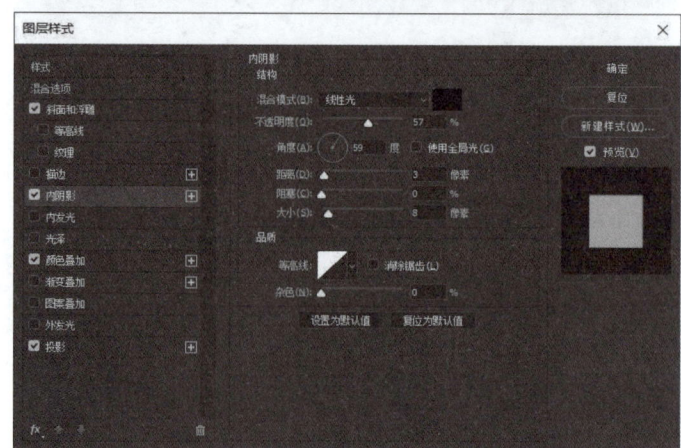

图 2-28　参数设置

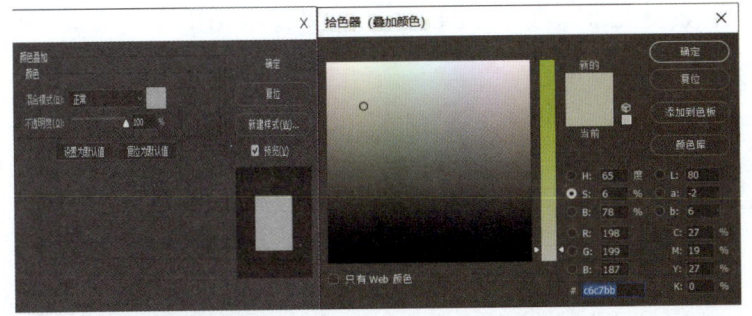

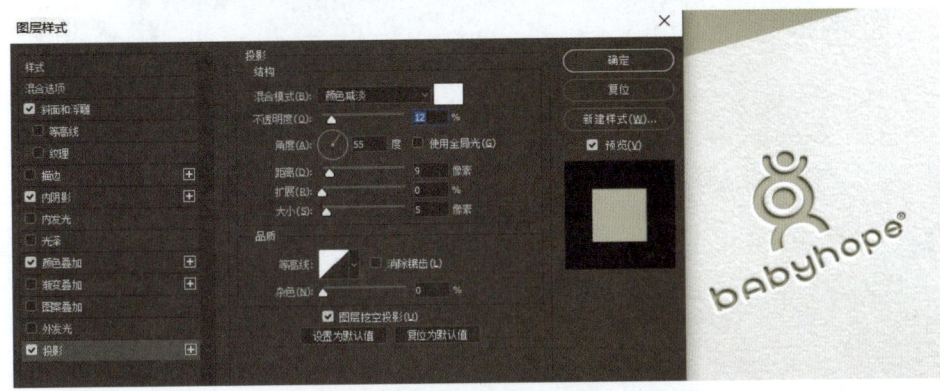

图 2-28　参数设置（续图）

步骤 3　在创建新的填充或调整图层中选择曲线命令，调整画面亮度，参数值如图 2-29 所示。最终效果如图 2-30 所示。

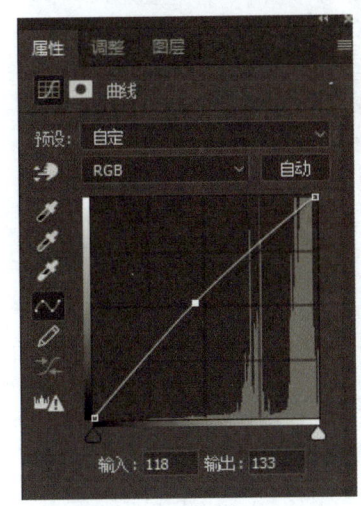

图 2-29　调整画面高度

图 2-30　最终效果

4. Babyhope 品牌 VI 服装应用

在品牌 VI 设计的服装应用中，我们以帽子和 T 恤为例。下面我们通过该案例，学习钢笔、蒙版、调色等技巧。

步骤 1　打开素材文件，如图 2-31 所示，复制背景图层，用钢笔工具沿帽子边缘绘制路径，如图 2-32 所示。

图 2-31　素材图　　　　　　　　　　　图 2-32　绘制边缘路径

步骤 2　按【Ctrl+Enter】组合键将路径转换为选区，并为该图层添加蒙版，在创建新的填充或调整图层中选择色相/饱和度命令，调整参数值并剪切到图层蒙版所在图层，如图 2-33 所示。

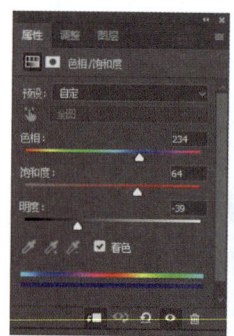
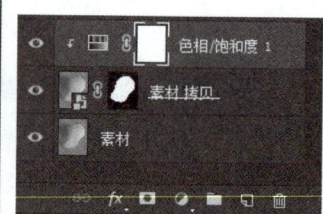

图 2-33　色相/饱和度设置

步骤 3　在创建新的填充或调整图层中选择曲线命令，调整画面亮度，如图 2-34 所示。

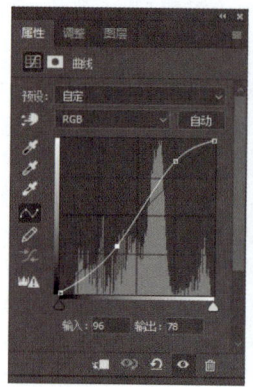
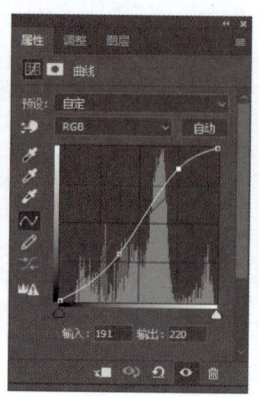

图 2-34　曲线命令

步骤 4 将标志置于文件中，调整大小和位置，双击该图层打开图层样式面板，调整混合颜色带，如图 2-35 所示，至此帽子效果完成，下面我们进入衣服效果的制作。

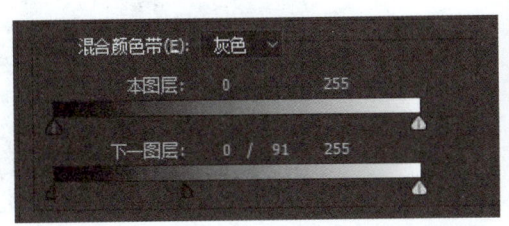

图 2-35　调整混合颜色带

步骤 5 打开衣服素材文件，将素材文件置入文件中，用魔棒工具点选蓝色衣服，效果如图 2-36 所示。

图 2-36　点选蓝色衣服

步骤 6 新建图层，将前景色设置为 #007efb，按【Alt+Delete】组合键填充前景色，效果如图 2-37 所示，按【Ctrl+D】组合键取消选区，为该图层设置图层混合模式为正片叠底，效果图如图 2-38 所示。

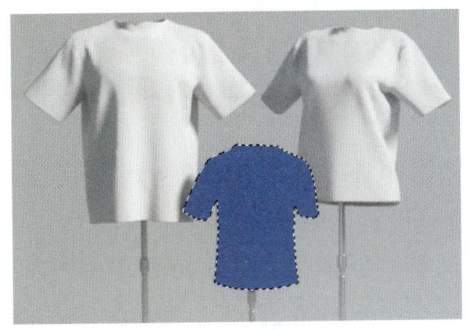

图 2-37　填充前景色　　　　　　　　图 2-38　设置图层混合模式

步骤 7　将标志置于文件中，调整大小和位置，效果如图 2-39 所示。

步骤 8　使用同样的步骤制作其余两件服装，在创建新的填充或调整图层中选择亮度/对比度命令，如图 2-40 所示。最终效果如图 2-41 所示。

图 2-39　加标志

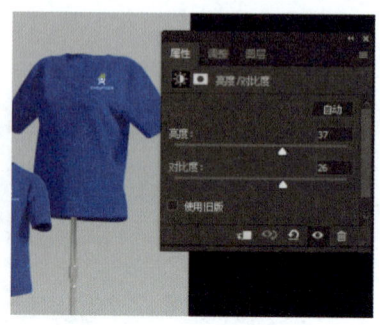
图 2-40　选择亮度/对比度

图 2-41　最终效果

5. Babyhope 品牌 VI 室内效果应用

在品牌 VI 设计的建筑风格应用中，我们以室内前台为例。下面我们通过该案例，学习掉色、渐变、模糊等技巧。

Babyhope 品牌 VI 室内效果应用

步骤 1　打开素材文件，如图 2-42 所示，在创建新的填充或调整图层中选择色相/饱和度命令，参数值设置如图 2-43 所示。

步骤 2　在创建新的填充或调整图层中选择曲线命令，参数值设置如图 2-44 所示。

图 2-42　素材

图 2-43　色相/饱和度设置

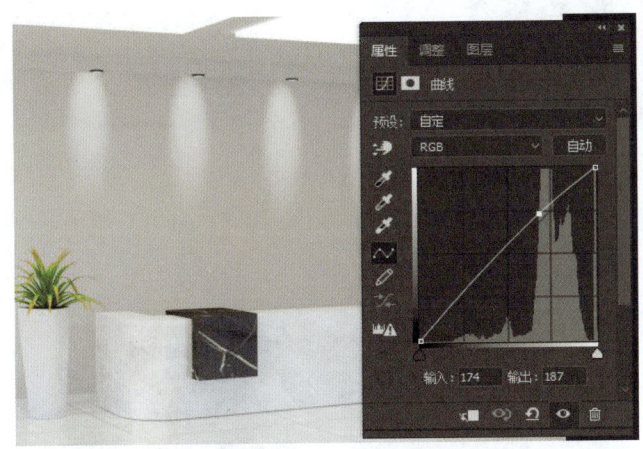
图 2-44　曲线命令设置

步骤 3　将标志置入文件中，调整大小和位置，如图 2-45 所示。

图 2-45　置入标志

步骤 4　按【Ctrl+J】组合键复制 3 个 logo 图层，将其编为一组，如图 2-46 所示，将后 3 个图层先隐藏。

步骤 5　在图层面板中选中"logo 拷贝 3"图层，选择工具栏中的移动工具，按【Alt+End】组合键复制并向前移动图层，共复制 8 个图层，这样可以增加标志的立体感，如图 2-47 所示。

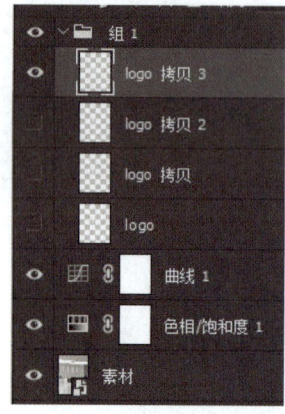

图 2-46　复制 logo 图层　　　　　　　　图 2-47　增加立体感

步骤 6　在图层面板中选中最上方标志图层，按【Ctrl+J】组合键复制 2 个 logo 图层，如图 2-48 所示。

图 2-48　复制 2 个 logo 图层

步骤 7　在图层面板中隐藏"logo 拷贝 13"图层，选中"logo 拷贝 12"图层，为该图层添加图层样式，制作斜面/浮雕、渐变叠加和外发光效果，参数值设置和效果如图 2-49 所示。

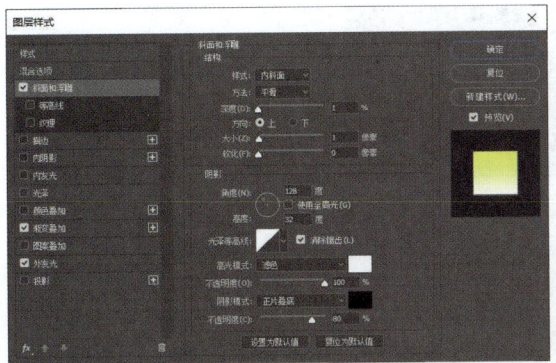
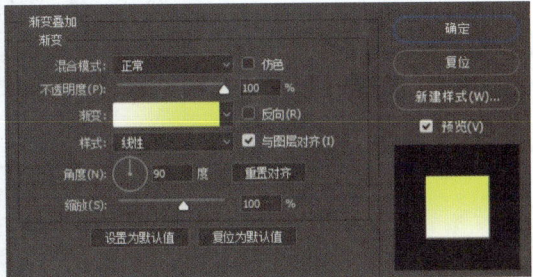
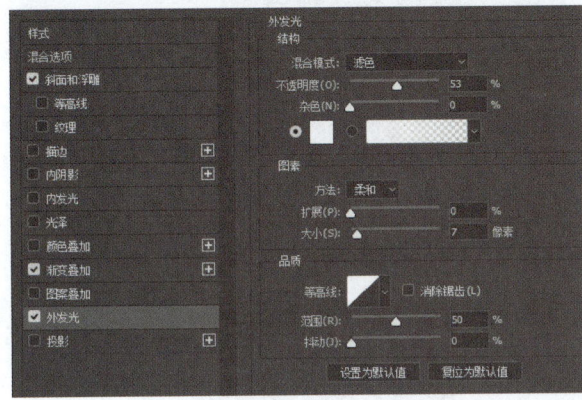

图 2-49　参数设置及效果

步骤 8　在图层面板中取消隐藏"logo 拷贝 13"图层，为该图层添加图层样式，制作斜面/浮雕、颜色叠加和外发光效果，参数值设置和效果如图 2-50 所示。

图 2-50　参数设置

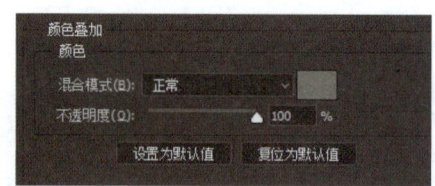

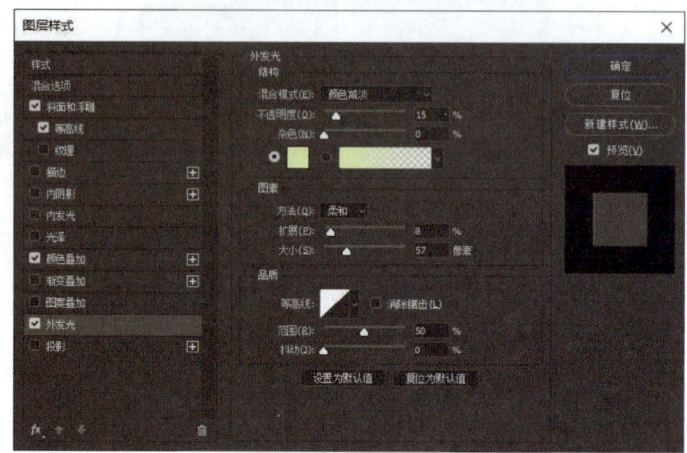

图 2-50　参数设置（续图）

步骤 9　下面编辑光效效果，在图层面板中逐步取消之前隐藏的 3 个 logo 图层，从上至下依次编辑。首先，对"logo 拷贝 2"图层执行"滤镜"→"模糊"→"动感模糊"，参数值和效果如图 2-51 所示。

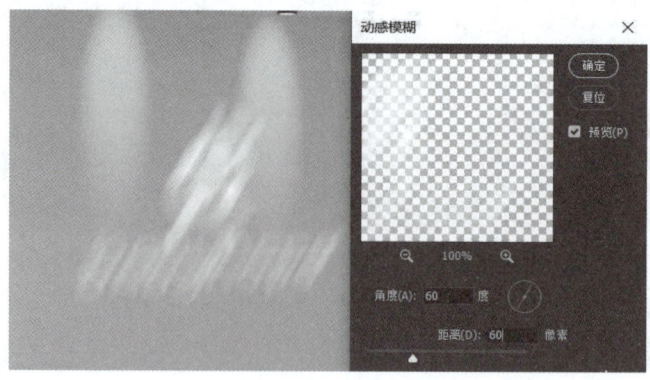

图 2-51　光效效果

步骤 10　接着对该图层执行"滤镜"→"模糊"→"高斯模糊",参数值和效果如图 2-52 所示。

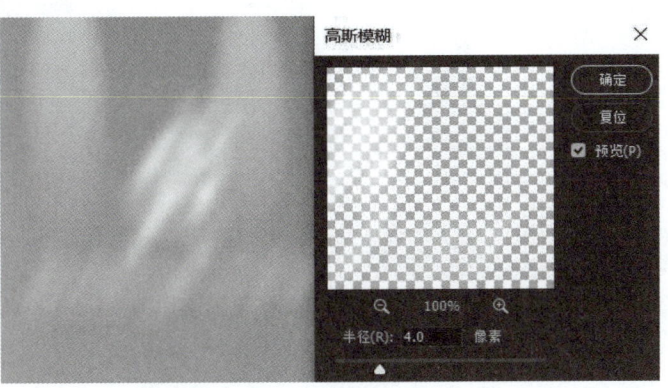

图 2-52　高斯模糊

步骤 11　对下一图层也添加动感模糊与高斯模糊效果,动感模糊中模糊角度为 -90 度,效果如图 2-53 所示。

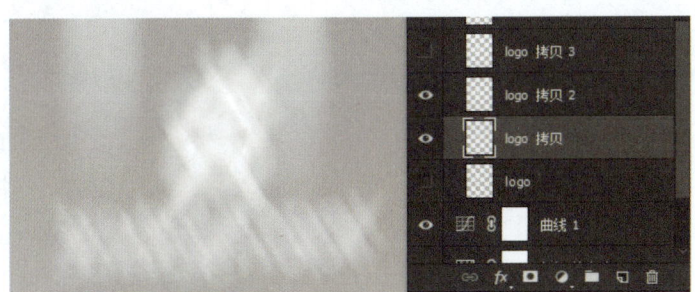

图 2-53　下一图层添加模糊效果

步骤 12　选择最下方 logo 图层,填充前景色为黑色,对其执行"滤镜"→"模糊"→"动感模糊",参数值和效果如图 2-54 所示。接着执行"滤镜"→"模糊"→"表面模糊",参数值和效果如图 2-55 所示。

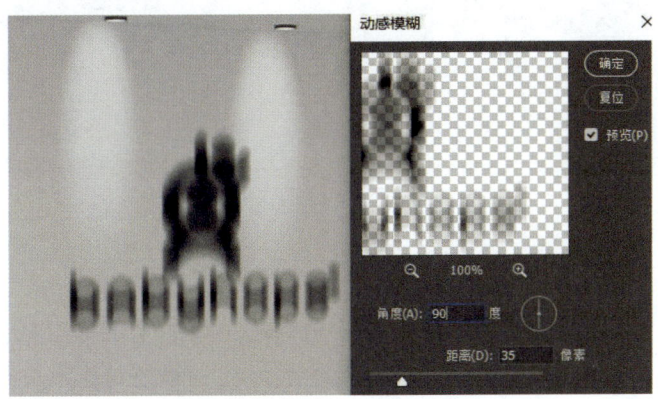

图 2-54　logo 图层模糊效果

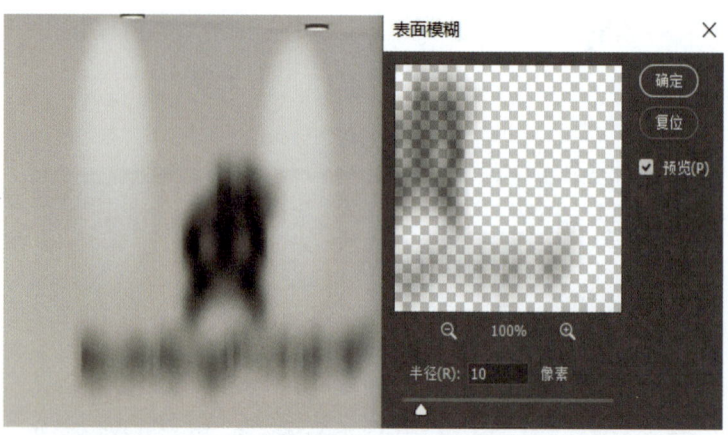

图 2-55　表面模糊

步骤 13　取消隐藏的所有图层，将刚才做的标志图层向下轻微移动，最终效果如图 2-56 所示。

图 2-56　最终效果

【任务小结】

在信息社会中，企业的视觉识别系统几乎就是企业的全部信息载体。视觉系统混乱就是信息混乱，视觉系统薄弱就是信息含量不足，视觉系统缺乏美感就难以在信息社会中立足，视觉系统缺乏冲击力就不能给顾客留下深刻的印象，因此，VI 设计对于企业来说是十分重要的。

在设计好标志、标准色及辅助图形后，可以将其应用到 VI 系统中，利用图层样式可以为设计添加投影、渐变等效果，通过图层混合模式可以将两个图层的颜色信息、亮度信息进行混合，得到不一样的效果。在制作投影效果时，可以利用模糊工具使投影边缘变得柔和，效果更加真实。

任务拓展

打开如图 2-57 所示素材，使用曲线、渐变等工具制作 VI 建筑室外应用效果，效果如图 2-58 所示。

图 2-57　素材

图 2-58　室外效果应用

任务三　Babyhope 品牌包装设计

【任务描述】

包装设计传递品牌的理念，通过产品的外包装可以体现产品的品质。

【任务目标】

Babyhope 品牌产品包装设计制作。

【知识链接】

包装（packaging）是在流通过程中保护产品，方便储运，促进销售，按一定的技术方法所用的容器、材料和辅助物等的总体名称。包装除了有包裹盒承装的功能外，对物品进行修饰，获得受众的青睐才是包装的重要作用。

包装要素

包装要素有包装对象、材料、造型、结构、防护技术、视觉传达等。

一般来说，商品包装应该包括商标或品牌、形状、颜色、图案和材料等要素。

（1）商标或品牌商标或品牌是包装中最主要的构成要素，应在包装整体上占据突出的位置。

（2）包装形状适宜的包装形状有利于储运和陈列，也有利于产品销售，因此形状是包装中不可缺少的组合要素。

（3）包装颜色是包装中最具刺激销售作用的构成元素。突出商品特性的色调组合，不仅能够加强品牌特征，而且对顾客有强烈的感召力。

（4）包装图案在包装中如同广告中的画面，其重要性、不可或缺性不言而喻。

（5）包装材料的选择不仅影响包装成本，而且也影响这商品的市场竞争力。

（6）产品标签一般都印有包装内容和产品所包含的主要成分、品牌标志、产品质量等级、产品厂家、生产日期和有效期、使用方法。

【任务实施】

1. Babyhope 品牌护肤品包装

Babyhope 品牌护肤品包装制作

在 Babyhope 品牌包装设计中，我们选用护肤产品为其设计外包装，在设计过程中需要体现必要的包装设计要素。下面我们通过该案例，学习渐变、羽化、模糊等技巧。

步骤 1　新建一个 1200 像素 ×2200 像素大小的灰色背景文件，用矩形选框工具绘制宽度为 800 像素，高度为 1500 像素的圆角矩形，圆角半径设置为 200 像素，效果如图 2-59 所示。

步骤 2　栅格化该图层，创建矩形选区，按【Ctrl+Shift+J】组合键剪切该圆角矩形，将其分为上下两个部分，分别作为瓶盖和瓶身两部分，如图 2-60 所示。

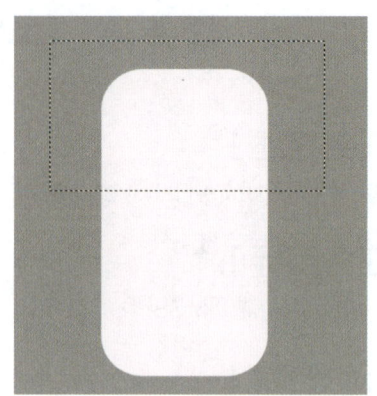

图 2-59　新建矩形　　　　　　　　　图 2-60　剪切为两部分

步骤 3　用同样的方法,将瓶身的底部剪切出来,在图层面板中分别给这三个图层命名为瓶盖、瓶身、瓶底,如图 2-61 所示。

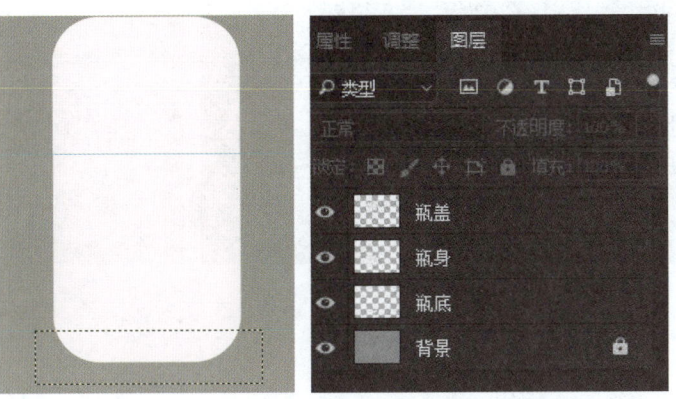

图 2-61　瓶盖、瓶身、瓶底

步骤 4　按【Ctrl】键,单击图层面板中的瓶身缩览图创建选区,使用工具栏中的渐变工具,在水平方向为瓶身添加线性渐变。在渐变面板中设置渐变颜色为灰色、白色、白色、白色、灰色的渐变,灰色颜色为 #d6d7d8,颜色的位置分别是 0、12、50、88、100,效果如图 2-62 所示。

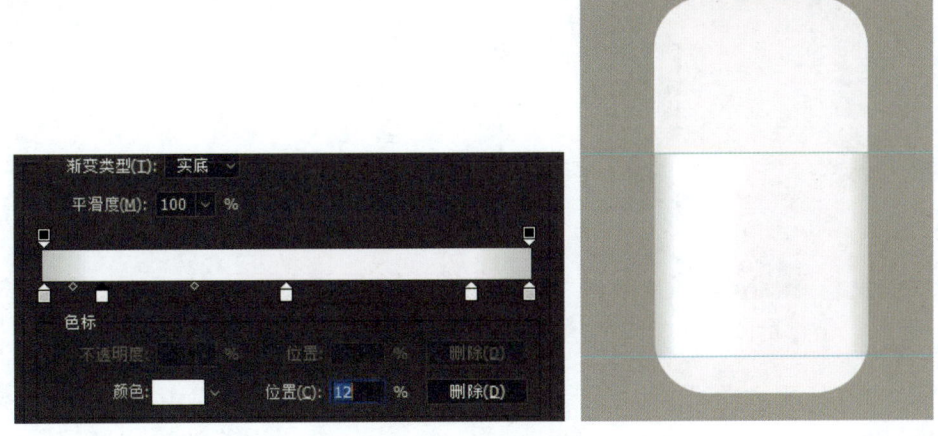

图 2-62　设置渐变色

步骤 5　用同样的方法,选中瓶底,由下至上为其添加线性渐变,渐变颜色分别为:#a19d9a、#c8cac9、#d0d0d0,填充效果如图 2-63 所示。

步骤 6　再次选中瓶底,使用加深工具,将曝光度调为 20%,选用硬度较低的画笔,对瓶底顶部和两侧进行加深,使瓶底更具立体感,效果如图 2-64 所示。

步骤 7　将瓶盖剪切为两部分,如图 2-65 所示。用多边形套索工具,选中瓶盖中的位置,并按 Delete 键将其删除,如图 2-66 所示。

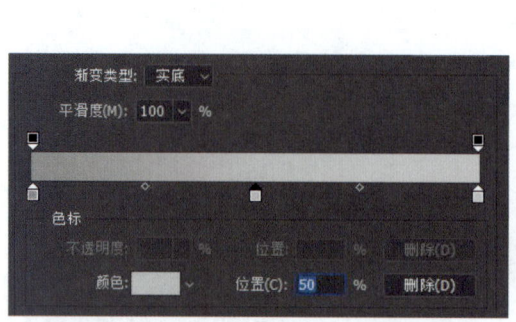

图 2-63　瓶底渐变

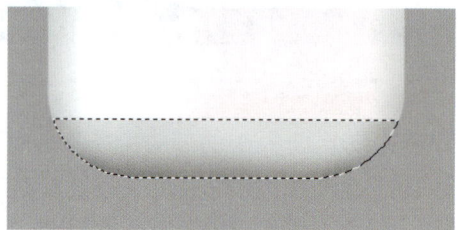

图 2-64　使瓶底更具立体感

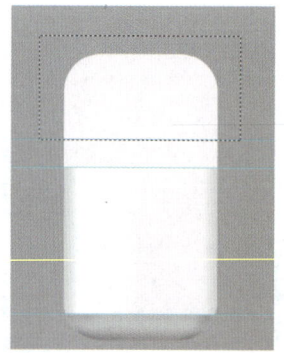

图 2-65　剪切　　　　　　　　　　图 2-66　删除

步骤 8　在水平方向为瓶盖的下半部分加线性渐变。在渐变面板中设置渐变颜色分别为 #002ee2、#0a4ae9、#4084f3、#0043e9、#0032e9，颜色的位置依次是 0、13、53、89、100，效果图如图 2-67 所示。

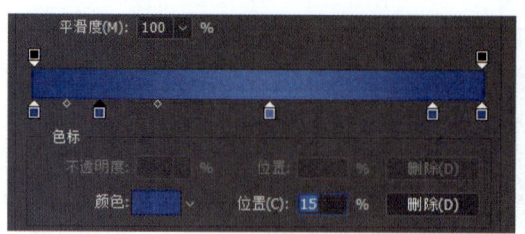

图 2-67　设置渐变

步骤 9　降低瓶盖上半部图层透明度，复制瓶盖下半部分，调整大小和位置，并对图层重命名为瓶口，如图 2-68 所示。

图 2-68　调整瓶盖

步骤 10　为其添加线性渐变，颜色分别为 #1124e6、#8390ee、#0323de、#95a7f3、#0122dc、#445ae2、#182ae6，颜色的位置依次是 0、10、28、57、81、94、100，效果如图 2-69 所示。

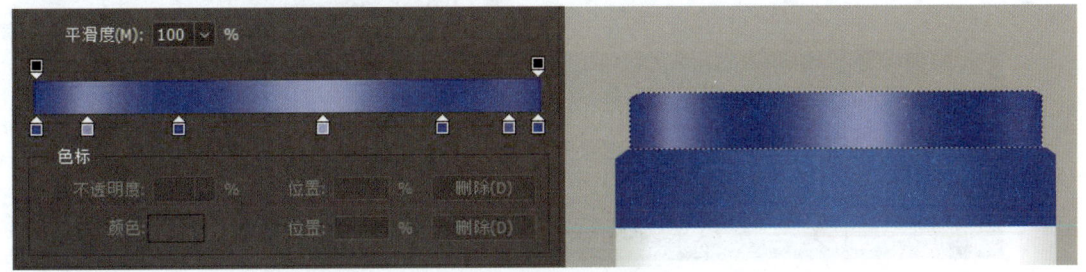

图 2-69　添加线性渐变

步骤 11　新建图层，用钢笔工具绘制路径，如图 2-70 所示。

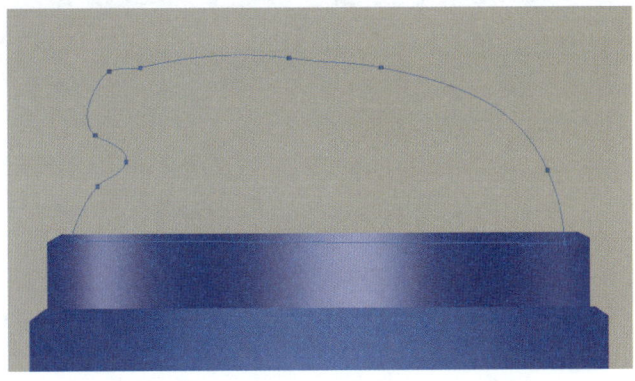

图 2-70　绘制路径

步骤 12　按【Ctrl+Enter】组合键将路径转换为选区，为其添加线性渐变，参数值与步骤 10 相同，将该图层置于瓶口图层下方，并对图层重命名为瓶嘴，效果如图 2-71 所示。

图 2-71　瓶嘴

步骤 13　为瓶盖上半部分添加线性渐变，渐变颜色分别为 #6594e7、#c7d7f7、#75a0ea、#9cbaef、#6696e8、#a3c1ec、#5f92e7，颜色的位置依次是 0、10、28、57、81、94、100，两端颜色的不透明度分别为 70%，效果如图 2-72 所示。

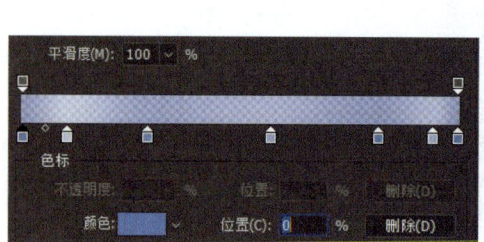 

图 2-72　瓶盖线性渐变

步骤 14　用颜色加深工具，分别对瓶盖和瓶嘴的边缘进行加深，降低瓶盖图层不透明度为 50%，效果如图 2-73 所示。

图 2-73　降低不透明度

步骤 15 新建图层，用椭圆选框工具绘制椭圆选区，羽化像素为 8，填充前景色为白色，进行高光的制作。对高光进行高斯模糊制作出柔和的效果，可以再用硬度低的橡皮擦工具，降低流量和不透明度擦拭出合适的高光轮廓，用同样的方法制作瓶子的阴影，效果如图 2-74 所示。

步骤 16 将标志置入文件中，调整大小和位置，添加文字，效果如图 2-75 所示。

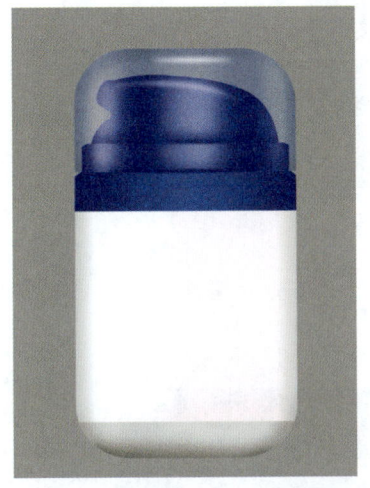

图 2-74 高光和阴影

图 2-75 添加标志

步骤 17 新建一个 38 厘米 ×20 厘米的文件，设置背景颜色为 #fff5e9，新建图层，用多边形套索工具绘制出形状并填充颜色为 #0064f0，效果如图 2-76 所示。

图 2-76 新建文件

步骤 18 将所做的瓶子包装置入文件中，调整大小和位置，用圆角矩形工具绘制瓶子一般大小的圆角矩形将其置于瓶子所在图层的下方为其制作投影效果。栅格化该投影图层并填充颜色为 #0000a1，为其设置两次"滤镜"→"模糊"→"动感模糊"，模糊角度和距离分别是 0、100、90、100，然后再执行"滤镜"→"模糊"→"高斯模糊"，半径设为 70 像素，并将该图层的混合模式设置为线性加深，效果如图 2-77 所示。

图 2-77　制作投影效果

步骤 19　按【Ctrl+J】组合键复制出瓶子及投影，分别调整两组瓶子和投影的位置和角度，效果如图 2-78 所示。

图 2-78　最终效果

2. Babyhope 品牌洗浴产品外包装

Babyhope 品牌洗浴产品外包装

为品牌洗浴产品设计外包装，需要体现出产品是天然成分，对宝宝无害，我们可以将产品的特点作为文字标识在外包装上，让消费者能够清楚的了解产品特点，在购买时能够精准选择，也能够起到吸引消费者的目的。下面我们通过该案例，学习渐变、模糊、图层混合模式、图像调整等技巧。

步骤 1　新建 25 厘米 ×17 厘米的文件，设置背景色颜色为 #fff5e9，创建 750 像素 ×750 像素的圆角矩形，设置颜色为 #fef2e4，复制该图层，将该图层置于下方，调整大小和位置，并填充颜色为 #edddcd，效果如图 2-79 所示。

步骤 2　将两个矩形图层栅格化，将深色矩形载入选区，使用加深工具，将曝光度调为 20%，选用硬度较低的画笔，对矩形的边缘进行加深；对浅色矩形执行两次"滤镜"→"模糊"→"动感模糊"，模糊角度和距离分别是 0、30；90、30，使其边缘产生虚化效果，如图 2-80 所示。

图 2-79　新建文件　　　　　　　　图 2-80　虚化效果

步骤 3　重新绘制一个圆角矩形，大小如图 2-81 所示，栅格化图层，将该图层载入选区，用颜色加深工具涂抹边缘。

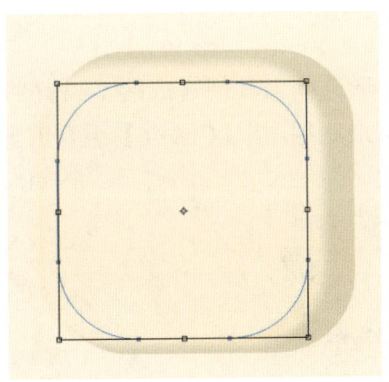

图 2-81　新建圆角矩形

步骤 4　新建图层，利用刚才新建的圆角矩形选区进行描边，描边大小为 40 像素，用硬度低的橡皮擦，降低不透明度和流量擦拭描边，然后执行"滤镜"→"模糊"→"高斯模糊"，模糊半径为 8 像素，如图 2-82 所示。

图 2-82　执行模糊效果

步骤 5 新建图层,用椭圆选框工具绘制椭圆选区,羽化像素为 8,填充前景色为白色,进行高光的制作,按【Ctrl+T】组合键调整高光的形状,效果如图 2-83 所示。

步骤 6 将标志置入文件,填充颜色为 #f5cea8,调整大小和位置,再次用加深工具加深后方深色矩形,增加立体感,效果如图 2-84 所示。

图 2-83 高光制作

图 2-84 增加立体感

步骤 7 新建图层,用矩形选框工具创建选区,设置羽化值为 50 像素,填充颜色为 #5d554d,将投影效果置于盒子最底层,按【Ctrl+T】组合键调整投影角度,如图 2-85 所示。

图 2-85 调整投影角度

步骤 8 新建图层,用同样的方法创建投影,羽化值为 20,效果如图 2-86 所示。

图 2-86 羽化效果

步骤 9 创建三个矩形,填充颜色由深到浅分别为 #c9c9c9、#e4e4e4、#fbfbfb,调整角度和位置,效果如图 2-87 所示。

图 2-87　新创建矩形

步骤 10　置入标志文件，用文字工具创建文本，调整大小和位置，将标志与文字合并图层，按【Ctrl+T】组合键调整角度，同理创建左侧文字，并将该文字的图层混合模式改为正片叠底模式，效果如图 2-88 所示。

图 2-88　创建文字

步骤 11　参考步骤 7 制作盒子的投影效果，效果如图 2-89 所示。

图 2-89　制作盒子投影

步骤 12　创建羽化像素值为 30 的椭圆选区，颜色为 #c9c9c9，按【Ctrl+T】组合键用变形工具调整阴影，置于包装的后方，如图 2-90 所示。最终效果如图 2-91 所示。

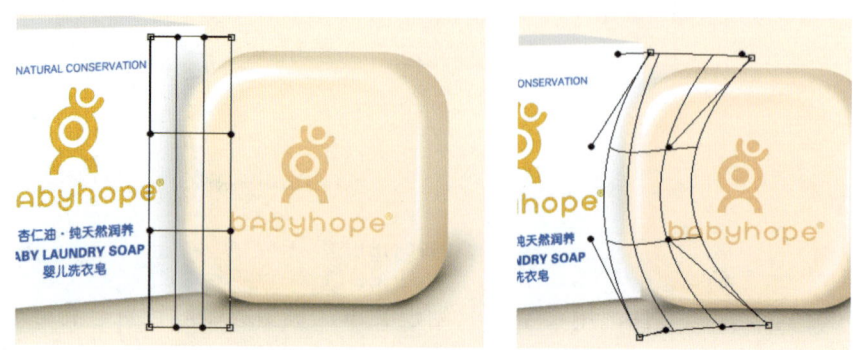

图 2-90　创建椭圆造区

图 2-91　最终效果

【任务小结】

好的包装设计需要表达出产品品质感，有利于产品的销售、陈列、运输及增加产品溢价，更有利于带动品牌良好印象。做一套高标准的包装设计，除了将有限的产品信息在包装上体现出来，让其美观大方外，还要考虑到品牌信息在包装上的融入和品牌高度在包装上的塑造。

在制作产品外包装时，我们常用到渐变工具制作包装的立体感，利用椭圆选框工具、加深工具、模糊工具制作高光和阴影效果，使边缘柔化。在制作文字时要注意与包装的结构统一，调整文字的透视效果。

任务拓展

使用矢量工具组、渐变工具、加深工具等制作产品包装，效果如图 2-92 所示。

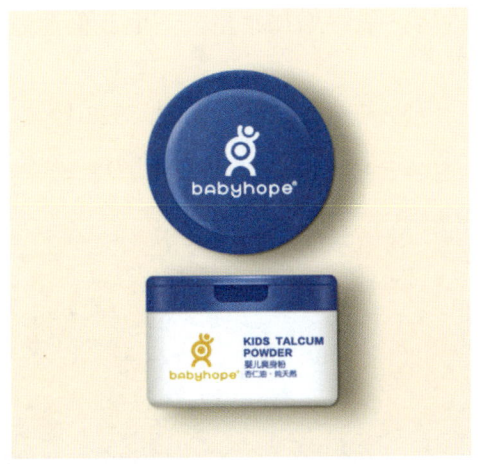

图 2-92　产品包装

任务四　Babyhope 品牌网页设计

【任务描述】

Babyhope 是销售母婴产品的品牌，该品牌的网站是属于最为常见的营销型网站，而它的目标是获得销售线索或直接获得订单。一个好的营销型网站就像一个业务员一样，了解客户，善于说服之道，能抓住访客的注意力，能洞察用户的需求，能有效的传达自身的优势，能一一解除用户在决策时的心理障碍，并顺利促使目标客户留下销售线索或者直接下订单。更重要的是，它 24 小时不知疲惫。

【任务目标】

Babyhope 品牌网页设计。

【知识链接】

网页设计，是根据企业希望向浏览者传递的信息（包括产品、服务、理念、文化），进行网站功能策划，然后进行的页面设计美化工作。作为企业对外宣传物料的一种，精美的网页设计，对于提升企业的互联网品牌形象至关重要。

网页设计一般分为三种大类：功能型网页设计（服务网站 &B/S 软件用户端）、形象型网页设计（品牌形象站）、信息型网页设计（门户站）。设计网页的目的不同，应选择不同的网页策划与设计方案。

【任务实施】

1. Babyhope 品牌网页设计

为了促进 Babyhope 品牌的产品销售，在网页设计中，用颜色与图案凸显品牌形象，设计热销产品的界面吸引顾客，最终增加销量。下面我们通过该案例，学习渐变、图层混合模式、图像样式等技巧。

步骤 1　新建 67 厘米 ×151 厘米的文件，创建 7922 像素 ×3755 像素的矩形填充线性渐变，颜色分别为 #b3cbe9、#dcedff，如图 2-93 所示。

图 2-93　新建文件

步骤 2　用椭圆工具绘制 4 个正圆形，分别填充颜色为 #f6e1f2、#8bb3e4、#f6e1f2、#d6e6fa，调整大小和位置，并为其添加图层样式，设置投影参数，效果如图 2-94 所示。

图 2-94　绘制 4 个正圆形

步骤 3　将标志置入文件，调整大小和位置；用文字工具创建文字，调整文字的排版与布局，创建圆角矩形并置于文字下方，颜色设置为 #8bb3e4，置入形状，调整大小和位置，效果如图 2-95 所示。

图 2-95　将标志置入文件

步骤 4　用文字工具创建导航栏，并绘制矩形；绘制圆形排列分布，效果如图 2-96 所示。

图 2-96　创建导航栏

步骤 5　将婴儿素材至于文件中，调整位置，设置图层混合模式为正片叠底模式，注意图层位置不要遮挡住页面图标。创建椭圆形选区，设置羽化像素为 100，按【Ctrl+Shift+I】组合键反选，按【Delete】键删除，效果如图 2-97 所示。

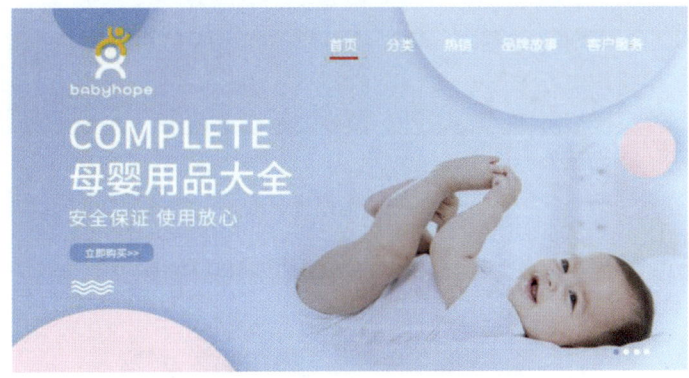

图 2-97　椭圆形选区和羽化

步骤 6　用步骤 2 的方法创建圆形与阴影，调整大小和位置，如图 2-98 所示。

图 2-98　创建圆形与阴影

步骤 7　用矩形工具创建 3 个 1242 像素 ×202 像素大小的矩形,用文字工具输入文字制作优惠券,效果如图 2-99 所示。

图 2-99　制作优惠券

步骤 8　在优惠券下方,输入文字,效果如图 2-100 所示。

图 2-100　输入文字

步骤 9 创建 3 个 1336 像素 ×2828 像素大小的矩形，调整位置，效果如图 2-101 所示。

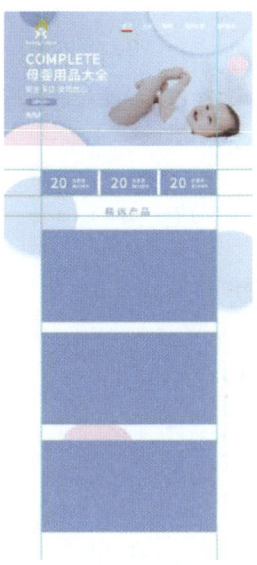

图 2-101 新建矩形

步骤 10 分别添加文字和图片素材，并绘制形状创建购买按钮，调整整体版式，效果如图 2-102 所示。网页最终效果如图 2-103 所示。

图 2-102 添加文字和图片

图 2-103 最终效果

2. Babyhope 品牌网页产品展示页面

在品牌网站页面中需要很多产品展示图片，产品的展示页面可以吸引消费者购买，增加品牌销售额。下面我们通过案例学习路径的合并和减去等操作技巧。

步骤 1　新建 17 厘米 ×17 厘米的文件，填充颜色为 #86c8fc。用椭圆工具绘制多个椭圆，在属性栏的路径操作中选择合并形状，制作云朵，如图 2-104 所示。

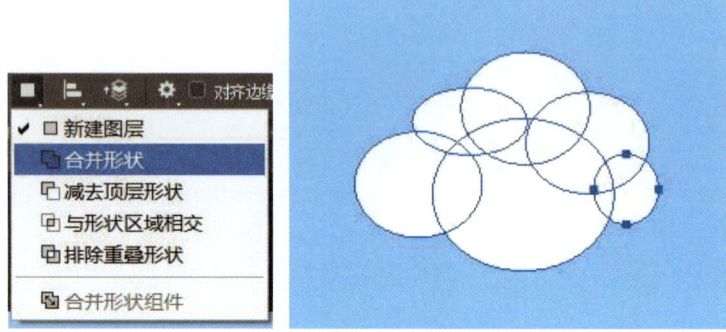

图 2-104　制作云朵

步骤 2　为云朵图层添加图层样式投影，如图 2-105 所示。

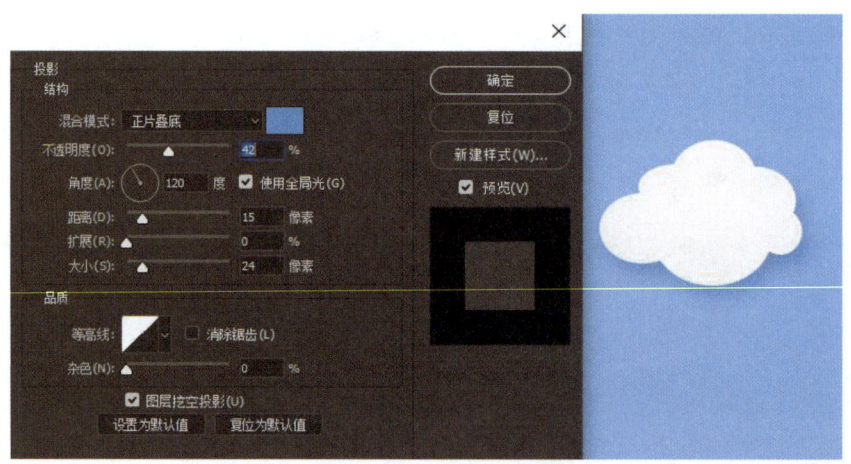

图 2-105　添加投影

步骤 3　用椭圆工具绘制圆形，降低透明度，调整云朵和圆的位置，效果图如 2-106 所示。

步骤 4　用矩形工具创建一个矩形，在属性栏的路径操作中选择减去顶层，再用椭圆工具绘制椭圆，如图 2-107 所示。

步骤 5　调整图层大小和位置，为其添加图层混合模式，制作投影效果，如图 2-108 所示。

步骤 6　将奶瓶素材置入到文件中，用椭圆选框工具制作投影，羽化像素为 10，制作虚化效果，调整投影大小和位置，效果如图 2-109 所示。

图 2-106　绘制圆形

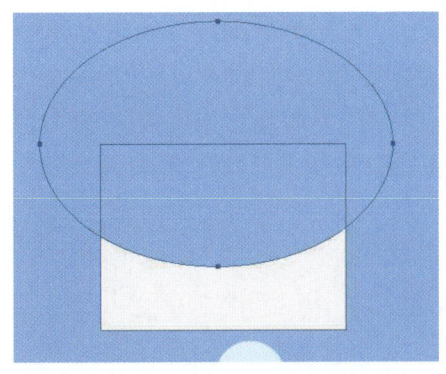
图 2-107　创建矩形

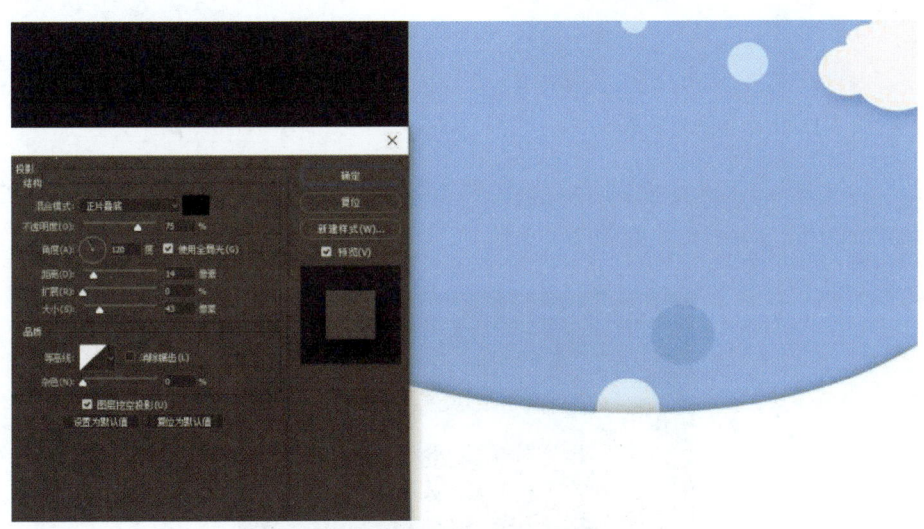
图 2-108　制作投影效果

步骤 7　使用文字工具添加文字。用矩形工具绘制三个小矩形，按【Ctrl+T】组合键调整矩形的形状，调整大小和位置，效果如图 2-110 所示。

图 2-109　将素材置入文件

图 2-110　添加文字

步骤8　创建圆角矩形，填充颜色为#ffff00，在圆角矩形上方添加文字，颜色设置为#da4646，效果如图2-111所示。

步骤9　用椭圆工具绘制圆形，并在圆形上方添加文字，如图2-112所示。

图2-111　创建圆角矩形

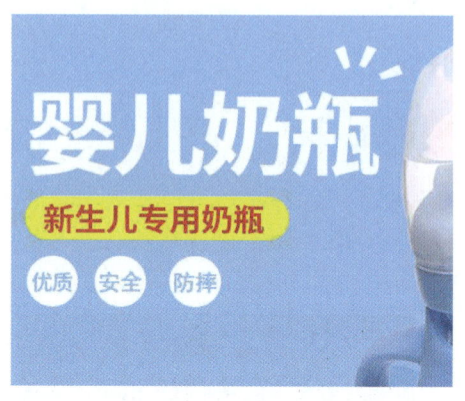
图2-112　添加文字

步骤10　用椭圆工具绘制圆形，为其添加图层样式，设置渐变叠加和投影效果，渐变颜色为#3da3e1、#9ed5fe，如图2-113所示。

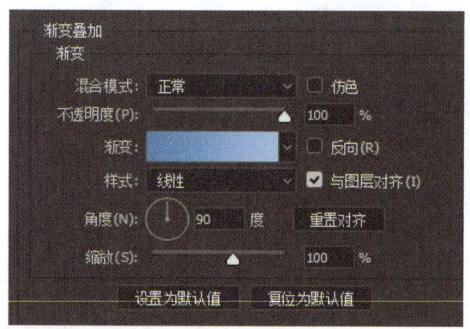

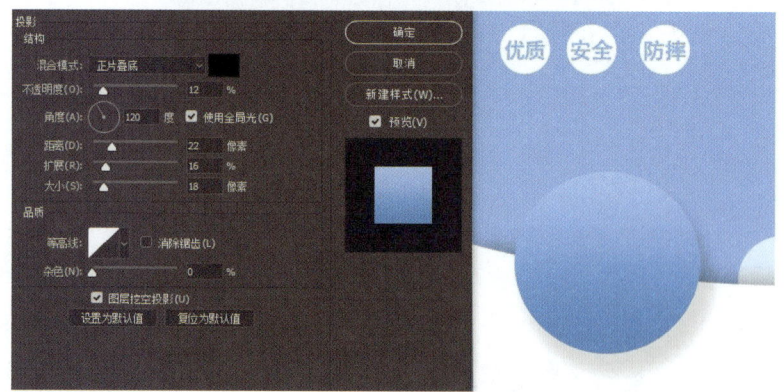
图2-113　设置渐变叠加和投影效果

步骤11　在绘制好的圆形上添加文字，置入符号，调整大小和位置，最终效果如图2-114所示。

图 2-114　最终效果

3. Babyhope 品牌网页产品海报设计

我们在网上购物时，经常遇到商家搞产品上新或促销活动，活动会以网页海报的形式展现。下面我们通过该案例，学习剪切蒙版、图层样式等技巧。

步骤 1　新建 60 厘米 ×90 厘米的文件，使用渐变工具填充渐变颜色为 #90cbff、#2b87ff，将标志和牛奶素材置入文件中，调整大小和位置，如图 2-115 所示。

步骤 2　将奶瓶素材置入文件中，按【Ctrl+J】组合键复制一层，调整大小和位置，效果如图 2-116 所示。

图 2-115　新建文件　　　　　　　　　图 2-116　加入好瓶素材

步骤 3　使用方正祥隶简体字体创建文字，添加图层样式，制作斜面/浮雕、描边和投影效果，如图 2-117 所示。

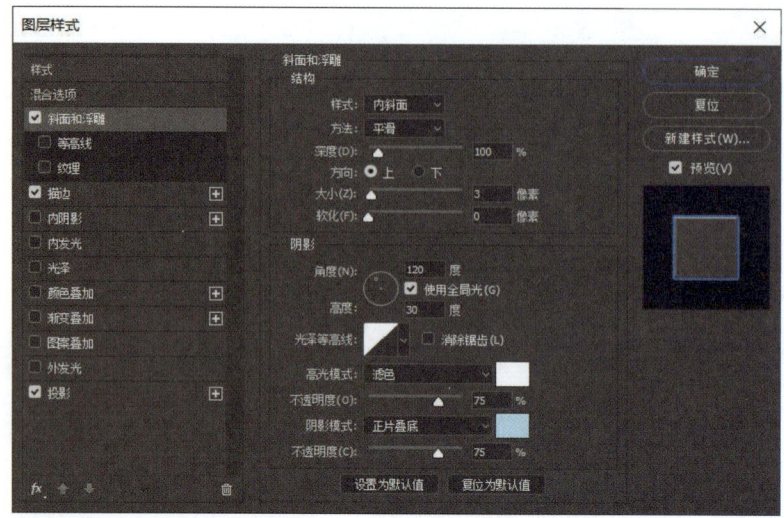
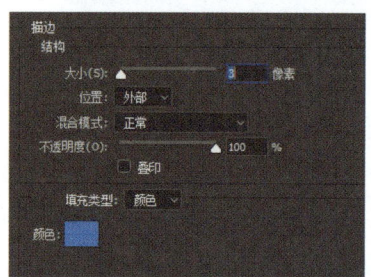
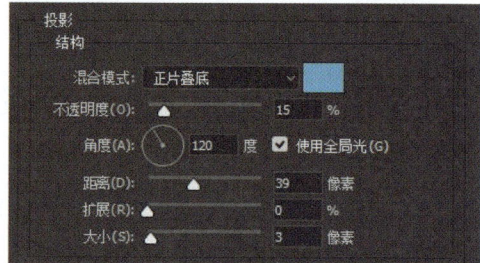

图 2-117　创建文字添加效果

步骤 4　将素材置入文件中,调整图层位于文字上方,按【Alt】键单击两个图层之间,创建剪切蒙版,效果如图 2-118 所示。

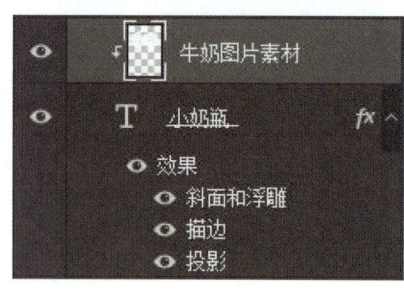

图 2-118　加入素材

步骤 5 添加文字，用矩形工具做出如图 2-119 所示效果，注意文字字符大小与行间距。

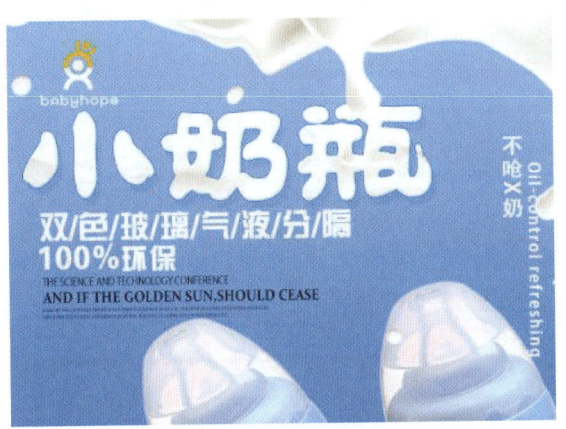

图 2-119　添加文字

步骤 6 添加二维码、联系电话等，最终效果如图 2-120 所示。

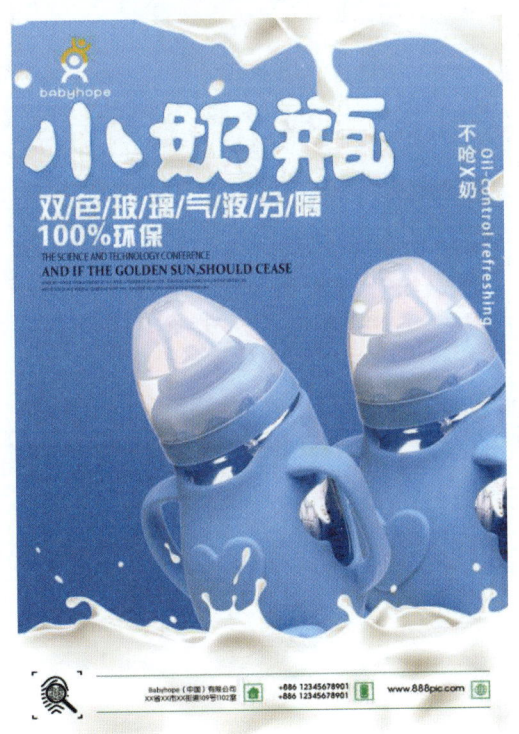

图 2-120　最终效果

【任务小结】

网站伴随着互联网的快速发展而兴起，成为浏览网页、查询信息的重要依托，由于人们使用网络的频繁而变得非常的重要。由于企业需要通过网站呈现产品、服务、理念、文化，或向大众提供某种功能服务。因此网页设计必须首先明确设计站点的目的和用户的需求，从而做出切实可行的设计方案。

在网页设计中，可以建立参考线来规划页面布局，用矢量工具组绘制所需要的模块形状；文字是网页设计中关键的要素，在用文字工具创建文字后需要对其排版，在字符面板中可以调整文字的大小、行间距与字间距等。

任务拓展

打开素材图"婴儿椅"，利用渐变工具、文字工具、矢量工具组进行商品的网页详情页的展示效果图的制作，如图 2-121 所示。

图 2-121　制作网页效果

项目 3
古堡探秘动漫原画项目

项目导读

　　动漫游戏产业由于其高产业价值、高就业机会被誉为 21 世纪的朝阳产业，是动画、漫画、游戏三者的联合。当前动漫游戏日益风靡，"古堡探秘动漫游戏"是校园动漫社团发起的动漫游戏创作系列之一，原画部分承担着原创角色、场景的设计与制作。

教学目标

- 会创建自己的画笔，应用粒子态。
- 能使用 Photoshop 创作动漫角色、动漫场景。
- 能熟练掌握绘制油画效果、国画效果的方法和技巧。

任务一　开发创建自由画笔

【任务描述】

"工欲善其事，必先利其器"，进行动漫游戏原画创作，首先要有得心应手的画笔，在 Photoshop 中，用户可以根据创作需要开发创建各类模拟现实绘画效果的画笔。

【任务目标】

掌握画笔调板中的常用设置，能创建自己需要的画笔。

【知识链接】

1. 画笔质感体验

Photoshop 中的画笔种类繁多，除了常规画笔，还为用户提供了几乎能模仿所有现实绘画种类的画笔，各类画笔特点显著，如干介质画笔、湿介质画笔、自然画笔、方头画笔、混合画笔、书法画笔等。使用鼠标和压感笔都能体验画笔的质感，熟练画笔的运用技巧。

2. 粒子态的应用

创作中经常会用到画笔的粒子态，比如沙漠、星空、云雾等场景，凡是富有灰度的粒子态事物都可以通过自定义画笔来实现，本任务中我们完成画笔的粒子态设置，以备后续使用。

3. 一笔画出工笔眉

通过画笔设置，一笔画出整个眉毛，简化现实工笔绘画中一笔笔描绘眉毛的耗时工作。

4. 自定义画笔修补草坪

通过自定义画笔结合草丛图层，使修补的草坪真实自然。

【任务实施】

1. 画笔质感体验

画笔是 Photoshop 的重要创作工具，画笔的使用有鼠标和压感笔两种方式，压感笔比鼠标更能呈现出用笔的力度和虚实效果，在设计、绘画创作中主要使用压感笔，效果如图 3-1 所示。

Photoshop CC 2019 为我们提供了丰富多样的画笔，包括常规画笔、湿介质画笔、干介质画笔、特殊效果画笔等，同时保留了旧版画笔，如图 3-2 所示。在这些画笔中，有模仿铅笔、水彩、蜡笔、油彩、炭笔等各种绘画效果的画笔，如图 3-3 所示。画笔在使用时可以根据需要进行设置，对于画笔笔尖形状有三个基本要素可以更改，分别是画笔的大小、硬度、间距，如图 3-4 所示。调整画笔硬度、间距及笔尖走势呈现的效果如图 3-5 所示。

图 3-1　鼠标和压感笔的不同书写效果

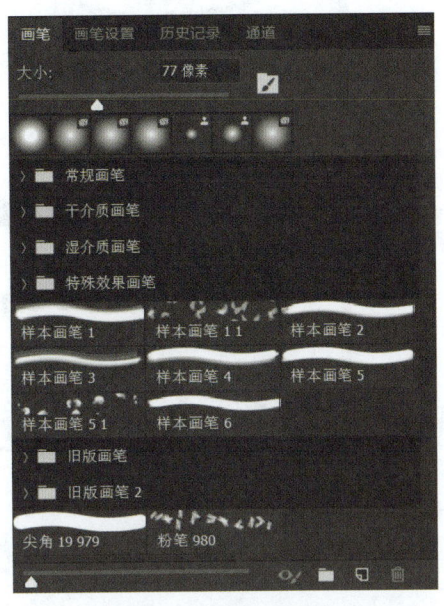

图 3-2　丰富多样的画笔

图 3-3　模仿铅笔、水彩等绘画效果的画笔

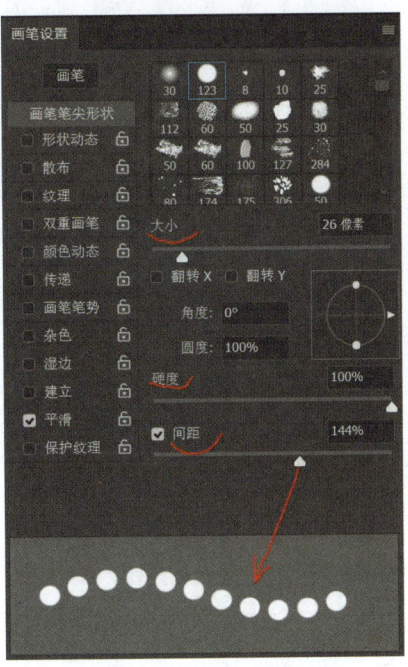

图 3-4　画笔笔尖形状设置

图 3-5 调整画笔硬度、间距、笔尖走势呈现的效果

2. 粒子态的应用

步骤 1 画笔的高级设置。在 Photoshop 中打开画笔设置面板，除了可以进行笔尖形状的基本要素更改，还可以设置画笔的形状动态、散布、颜色动态、湿边等，使画笔具有更强的创造性，形状动态的设置如图 3-6 所示，综合设置及对应画笔效果如图 3-7 所示。

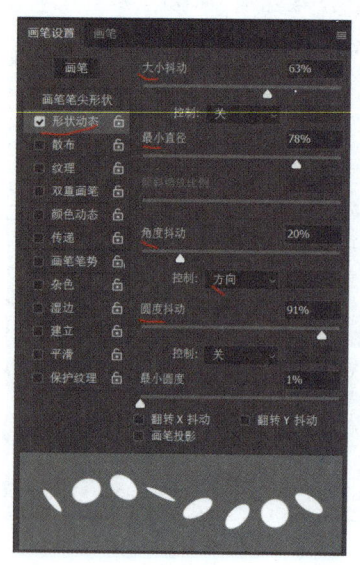
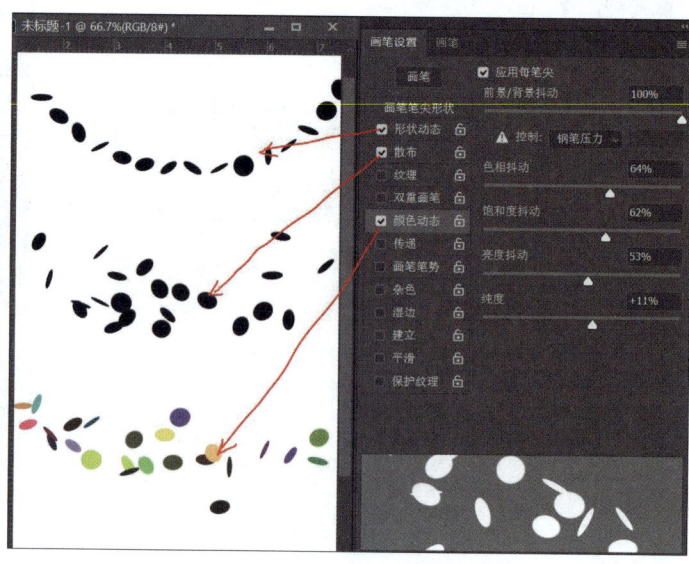

图 3-6 画笔形状动态的设置　　　　图 3-7 画笔综合设置及对应的效果

步骤 2 画笔的创建。设置好一款满意画笔，我们要及时创建成新画笔，选择"窗口"→

"画笔"菜单命令,打开画笔面板,在画笔面板底部单击"创建新画笔"按钮,弹出对话框,进行画笔命名等设置,如图3-8所示,单击"确定"按钮,得到一款自己设置的画笔,打开画笔面板查看自己创建的"新建圆点"画笔,如图3-9所示。

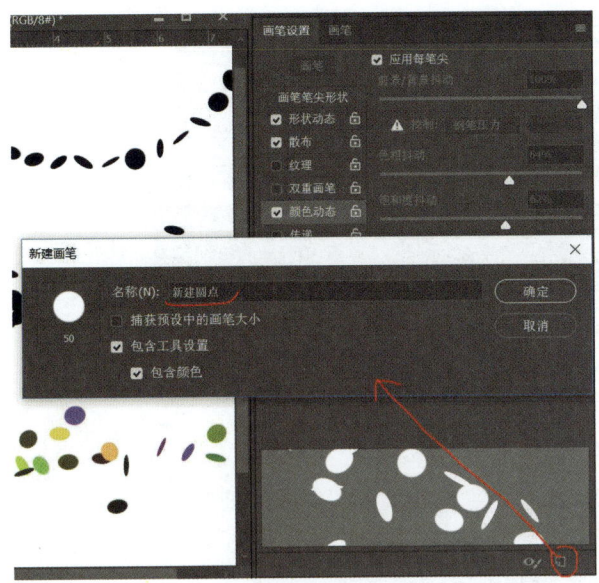

图3-8 创建新画笔

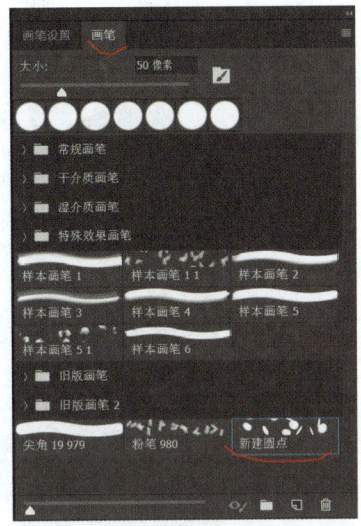

图3-9 查看自己创建的画笔

步骤3 画笔的存储与导入。为了方便以后使用画笔,要对自己创建的画笔进行永久存储,单击画笔面板右上角选项按钮,选中"导出选中的画笔",如图3-10所示。存储创建画笔为"圆点.abr",如果当前自创画笔被删除,则可以通过"导入画笔"找回。

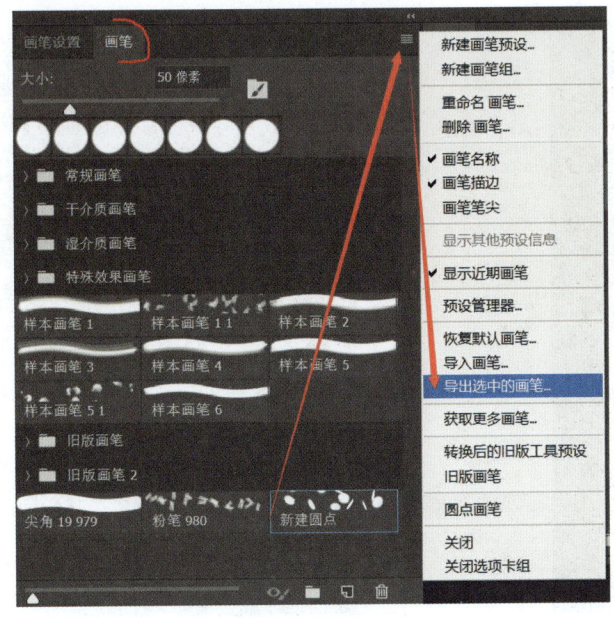

图3-10 通过导出画笔进行永久存储

步骤 4 画笔的粒子态。画笔的种类很多,除了软件自带的画笔,还可以导入外部画笔,如图 3-11 所示;大家也可以创建丰富的自定义画笔,如图 3-12 所示,还可以充分利用自然素材,建立个人画笔库。

图 3-11 导入外部画笔

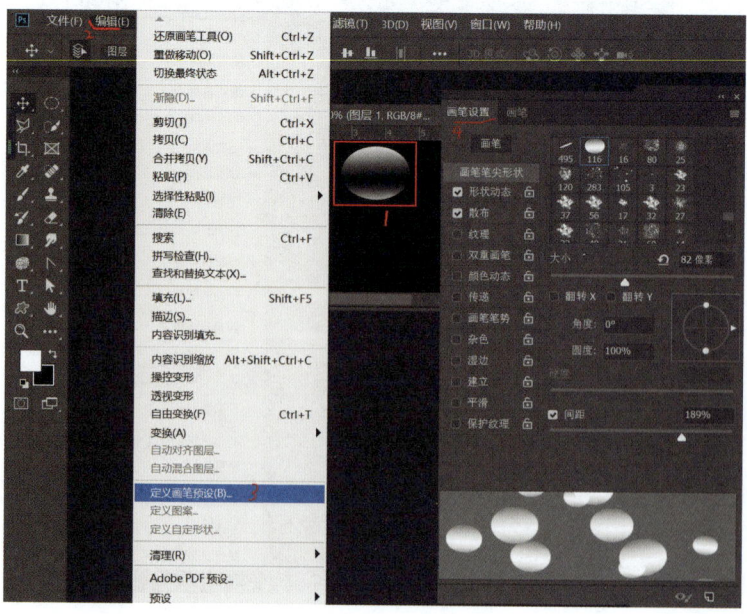

图 3-12 自定义画笔

在 Photoshop 中，我们对画笔的应用更多地体现为粒子态，效果特征如图 3-13 和 3-14 所示。

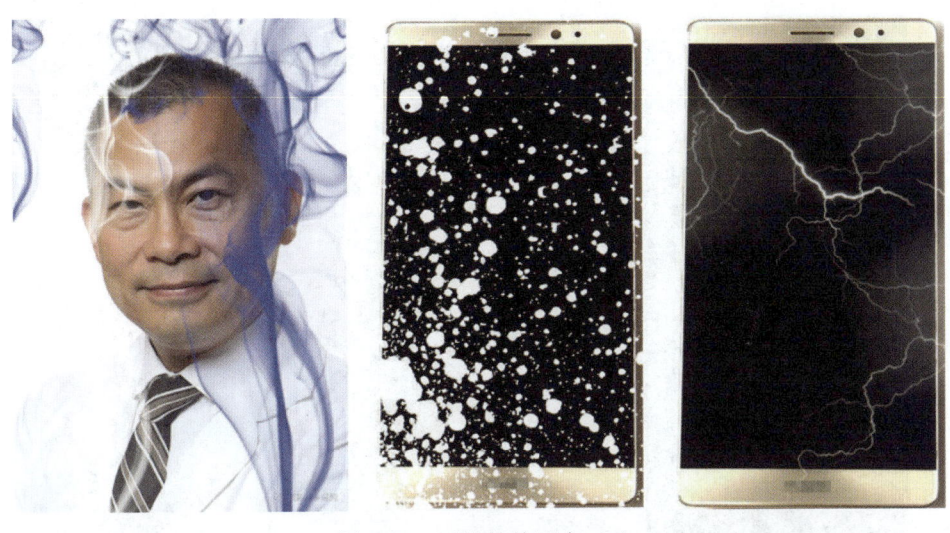

图 3-13　画笔的粒子态（1）

图 3-14　画笔的粒子态（2）

3．一笔画出工笔眉

步骤 1　选择画笔并进行画笔笔尖形状设置。在 Photoshop 中，按【Ctrl+N】组合键，新建一个 5 英寸 ×3.5 英寸，分辨率 300 像素 / 英寸的文档，选择"画笔" 工具，在菜单栏下方画笔工具属性栏中，单击"画

一笔画出工笔眉

笔设置"按钮，打开"画笔面板"→"常规画笔"，选择"硬边缘压力大小"画笔，如图3-15所示。对画笔笔尖大小、硬度、间距进行设置，如图3-16所示。

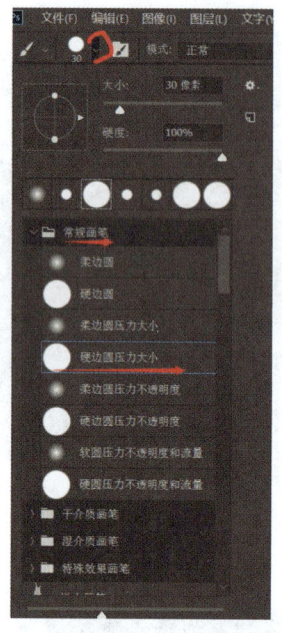

图3-15 硬边缘压力大小画笔

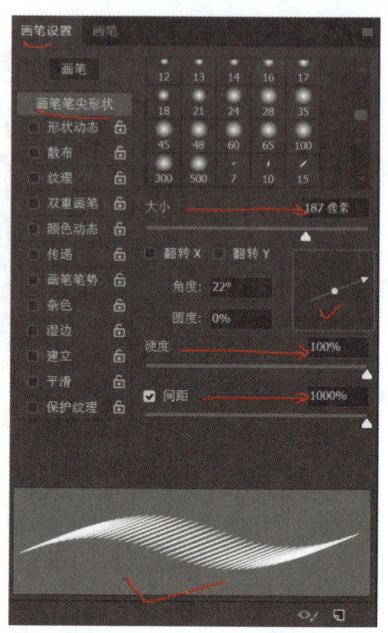

图3-16 设置画笔大小、硬度等

步骤2 对画笔进行形状动态散布设置。在画笔设置面板中，单击"形状动态"选项，进行"大小抖动""角度抖动"的设置及控制，如图3-17所示。单击"散布"选项，进行"散布""数量"的设置及控制，如图3-18所示。使用设置好的画笔在文档上绘制眉毛，效果如图3-19所示。

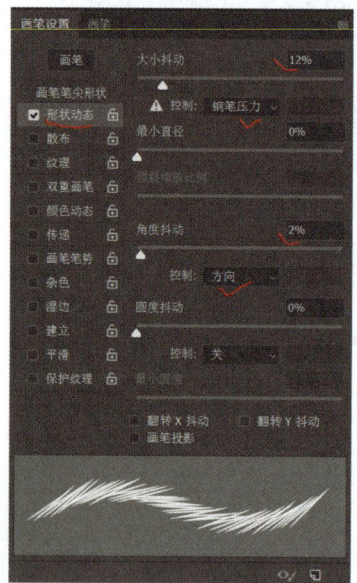

图3-17 形状动态的设置

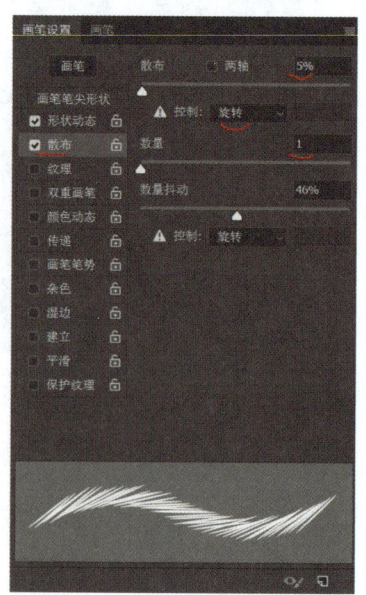

图3-18 散布参数设置

步骤3 创建新画笔并存储。在画笔设置面板中,单击右下角"创建新画笔" 按钮,存储设置好的画笔名为"眉毛",在画笔面板的最下面可以查看到新创建的"眉毛"画笔,如图3-20所示。单击画笔面板右上角的选项按钮,选中"导出选中的画笔",存储创建画笔为"眉毛.abr"。

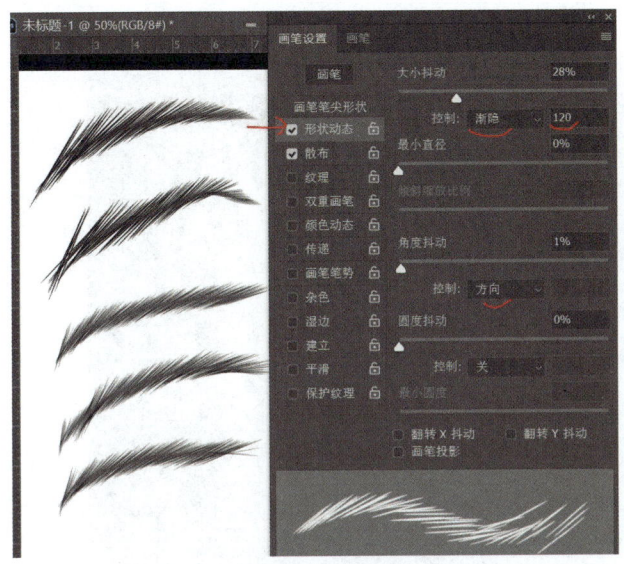

图3-19 绘制眉毛

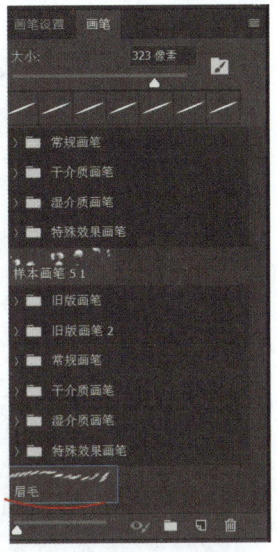

图3-20 查看存储的画笔

4. 自定义画笔修补草坪

步骤1 打开素材并设置仿制图章工具属性。选择"文件"→"打开"菜单命令,打开"草地.jpg"文件,发现草地不整齐,需要修补。在Photoshop中,修补的最高境界是不留痕迹,不破坏原始素材。新建"图层1",选择"仿制图章工具" ,在顶端属性栏的"样本"选项中选择"当前和下方图层",如图3-21所示。

自定义画笔修补草坪

图3-21 选择当前和下方图层

步骤 2　设置草地形态画笔。按【F5】快捷键，对仿制图章工具的画笔笔尖形状进行设置，大小为 130 像素，角度为 81，圆度为 4%，间距为 241%，得到规则的草地画笔形状，如图 3-22 所示。添加画笔随机态，将"形状动态"中的"大小抖动"设置为 33%，将"角度抖动"的"控制"设置为"方向"，角度抖动为 10%；将"散布"设置为 176%，并勾选"两轴"，如图 3-23 所示。

图 3-22　仿制图章工具的画笔笔尖形状设置

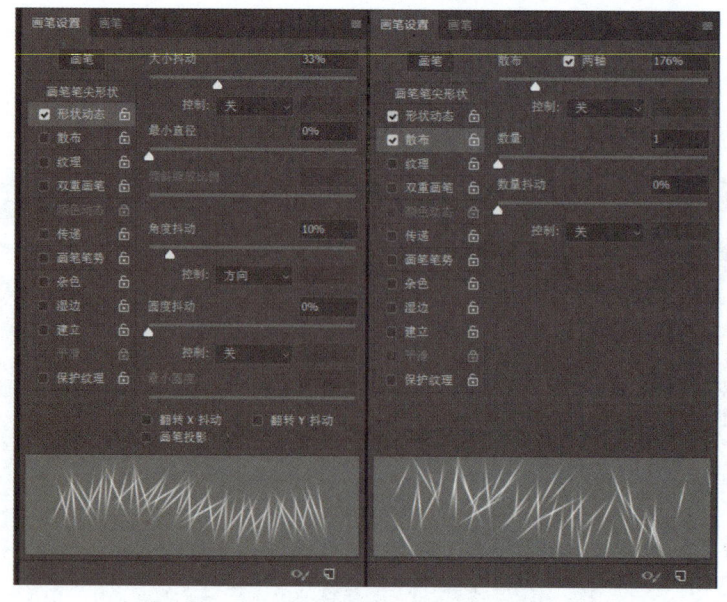

图 3-23　仿制图章工具的形状动态和散布设置

步骤3 创建存储画笔。单击画笔面板右下角的"创建新画笔"按钮，保存当前画笔设置，并命名为"小草"，如图3-24所示。

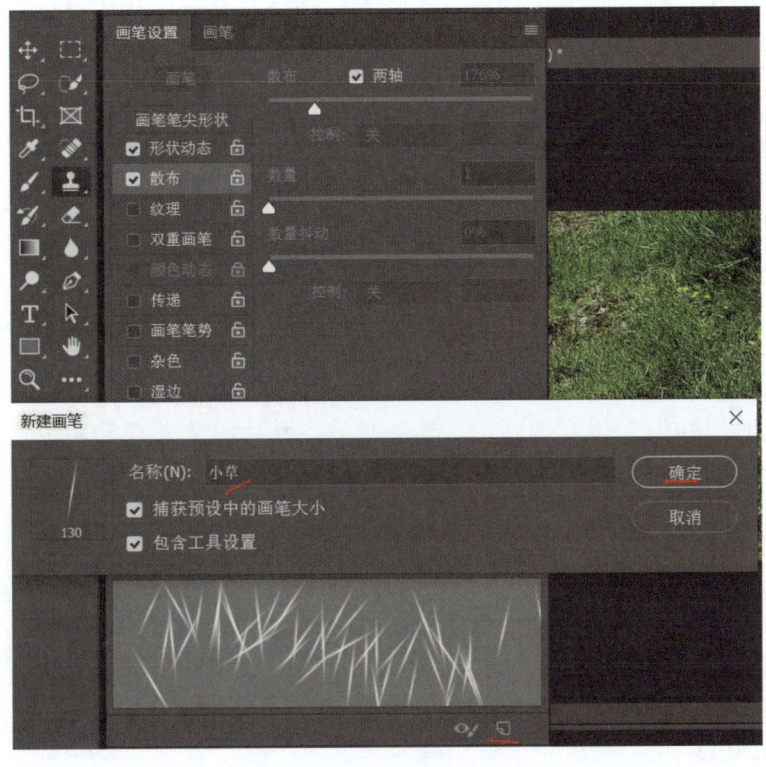

图3-24 保存仿制图章画笔

步骤4 遮盖无草区域。选择"仿制图章工具"，在"画笔面板"中找到"小草"画笔，按住【Alt】键并单击拾取草地茂盛的区域作为取样点，然后在无草空地上拖动鼠标进行修复，最终修补效果如图3-25所示。

图3-25 修补后的草地

【任务小结】

以上任务内容细致地讲解了画笔的粒子态特征，画笔的选项设置，以及自定义画笔的存储和实际应用技巧。本节知识重点是画笔质感体验与应用粒子态，自定义创建画笔时画笔笔尖形状及随机态的设置是关键，理解画笔工具之外的其他一些工具也可以设置它们的画笔形态，比如橡皮擦、模糊工具、仿制图章工具等。

重要工具：画笔、仿制图章。

核心技术：画笔面板中笔尖形状、形状动态、散布、颜色动态的设置，使用图章工具时选择当前与下方图层。

实际运用：图像的修补润色、环境空间图案、壁纸背景的创作。

任务拓展

利用所学画笔知识创建发丝画笔、轮胎画笔、瓦片画笔并存储，设置草地形态画笔对提供的素材"草地2"及"草地3"进行修补完善。

任务二 动漫角色创设

【任务描述】

动漫游戏角色的创作是动画游戏的根本，如何通过外在形态体现角色气质内涵，从而有效阐释游戏的主题精神是创作者要努力达到的一个目标，这就涉及造型特点、线条、色彩的运用，个人绘画塑造风格等不同因素，熟练使用画笔的各类质感及滤镜库是创作的关键。

【任务目标】

掌握动漫角色创作中线稿的绘制层次，熟练运用着色层的图层混合模式，制作出生动的角色形象。

【知识链接】

1. 张弛有度的线稿绘制

想要为动漫角色绘制流畅的线稿，就需要选择合适的画笔，常用的勾线画笔有圆点画笔、平点画笔、大小可调的19号画笔。

2. 层次分明的塑造

将人物角色不同部分分层存储并填充颜色，填色层一定要与线稿层分开，各填充图层选择合适的混合模式完成人物明暗虚实关系的塑造。

3. 让画面质感更丰富细腻——贴花网

画面人物的服装填充均为单色，稍显单薄，可以通过贴花网快速给衣服加上图案，提升服装对人物性格的塑造，图案的设计可以通过自定义画笔，或自定义图案来制作。

4. 增添角色气质内涵——气氛网

所谓的气氛网也就是对背景环境气氛进行渲染，可以放在人物背后虚化边缘部分，也可以少部分覆盖人物，使画面更融洽自然。

5. 转换网点

将不同图层的块面涂色转化成疏密有致的网点绘画效果，丰富整体结构层次。

6. 提亮高光部分

主要使用橡皮擦工具提亮画面受光部分，与暗部拉开黑白灰关系，使画面色调更明亮。

【任务实施】

1. 张弛有度的线稿绘制

绘制动漫游戏角色从线稿开始，具体使用哪种画笔绘制线稿，不同的艺术家有自己的偏好，图3-26属于较写实的勾线涂色画法。本次任务绘制线稿时，推荐使用"画笔"面板中的"常规画笔"→"硬边缘压力大小"画笔，将笔尖形状中的间距设置为1%，如图3-27所示；也可以使用"画笔设置"面板中的"圆点"画笔，将笔尖形状中的间距设置为1%，如图3-28所示。

图3-26 古堡探秘场景之一

步骤1 新建文档并设置画笔。按【Ctrl+N】组合键，新建文件"动漫角色"，大小为20厘米×30厘米，分辨率123像素/英寸；如图3-29所示，在"图层"面板底部单击"创建新图层" 按钮，在背景图层的上方会自动新建图层，如图3-30所示；在工具箱中选择"画笔工具"，按【F5】快捷键，打开"画笔设置"面板，选择"圆点画笔"，并设置"画笔笔尖形状"选项栏中的"大小"为4像素，"间距"为1%，如图3-31所示。

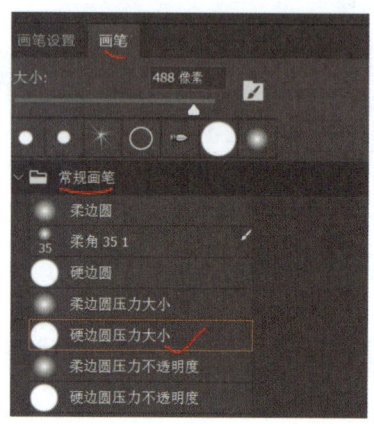

图3-27 硬边缘压力大小画笔

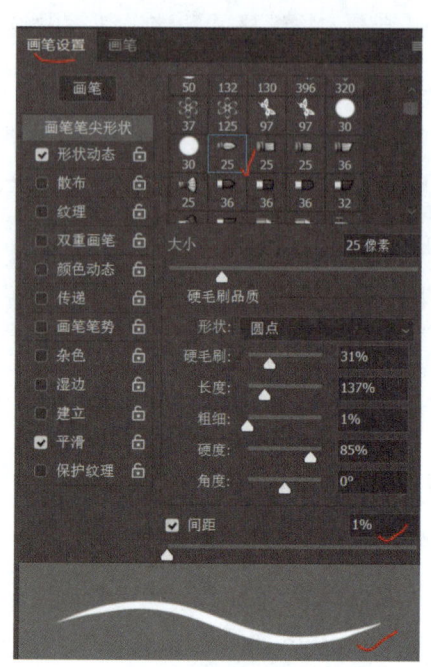

图3-28 圆点画笔

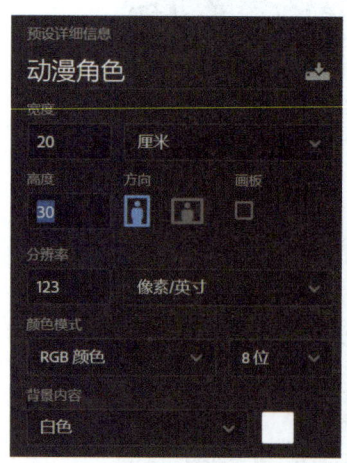

图3-29 新建文档

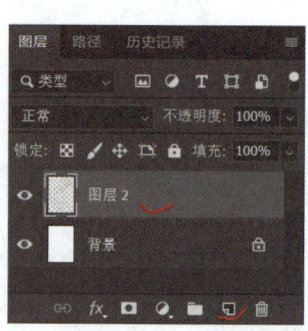

图3-30 新建图层

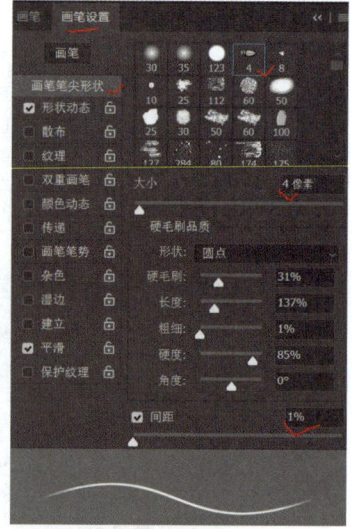

图3-31 设置画笔

步骤2 绘制人物头部及身体结构。使用设置好的"圆点画笔"，在"图层2"绘制人物五官及头发，注意绘制人物结构部分用笔要实，绘制头发唇线等要虚，也可将画笔缩小至2像素（可以在英文状态下按键盘上的"中括号"键放大或缩小画笔）绘制头发，效果如图3-32所示；继续绘制人物衣服手臂部分的结构，注意明暗结构线条的组织，衣服褶皱要贴合身体结构走势，疏密得当，人物最终线稿如图 3-33 所示。

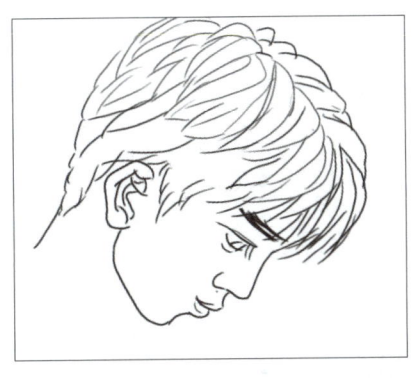

图 3-32　头部线稿

图 3-33　人物线稿

步骤 3　存储线稿。选择"文件"→"存储为"菜单命令，在目标文件夹下将文件命名为"动漫角色"，保存类型 PSD 格式。

2．层次分明的塑造

步骤 1　新建灰度层粗略确定明暗关系。

在"图层"面板底部单击"创建新图层"按钮，在背景层与线稿层之间新建图层，双击新建图层名称，命名为"灰度层 1"，如图 3-34 所示。选择"画笔工具"，按【F5】快捷键，打开"画笔"面板，选择"柔边圆画笔"或"柔边圆压力画笔"，并设置"画笔笔尖形状"选项栏中的"大小"为 60 像素，"间距"为 1%，如图 3-35 所示。双击工具箱底部"设置前景色"图标，打开"拾色器"对话框，设置"CMYK"颜色中 K 值为 10，其他为 0，如图 3-36 所示，单击"确定"按钮，将前景色设置为浅灰色。

图 3-34　新建灰度层 1

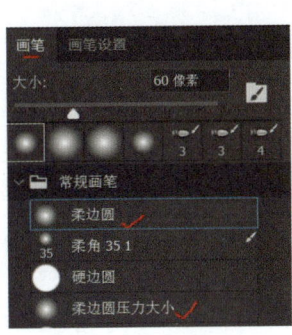

图 3-35　柔边圆画笔

图 3-36　设置前景色

使用"柔边圆画笔"在"灰度层 1"绘制人物脸部、头发、衣服的阴影部分，粗略找出整体明暗关系，绘制过程中为表达不同灰度层次可更改画笔的"不透明度"，画过的部分可以用"橡皮擦工具"擦除，最终"灰度层1"效果如图3-37所示。

步骤2　加强明暗关系，体现立体效果。在"灰度层1"上方新建"灰度层2"，图层混合模式设置为"正片叠底"，如图3-38所示。选择"柔边圆画笔"或"柔边圆压力画笔"，"设置前景色"→"CMYK"颜色中K值为20，其他为0，在"灰度层2"绘制人物背光较暗部分，加强光源效果。"灰度层2"最终效果如图3-39所示。按【Ctrl+E】组合键向下合并"灰度层1"。

图3-37　灰度层1效果

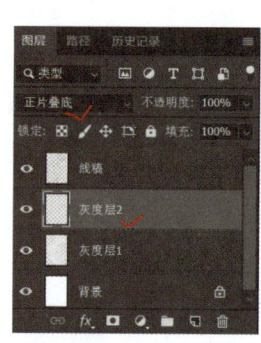
图3-38　新建灰度层2

图3-39　灰度层2效果

重复步骤1和步骤2，新建"灰度层3""灰度层4"，图层混合模式均设置为"正片叠底"，"CMYK"颜色中K值分别为30和50，其他为0，使用"柔边圆画笔"进行深入细致塑造，并依次与"灰度层1"合并，"灰度层3""灰度层4"光影塑造效果如图3-40、图3-41所示。注意按【Ctrl+S】组合键随时保存文档。

图3-40　灰度层3效果

图3-41　灰度层4效果

步骤 3 绘制外衣固有色。在"图层"面板底部单击"创建新图层"按钮，在合并后的"灰度层 1"上方新建"外衣层"，图层混合模式设置为"正片叠底"，如图 3-42 所示。在"画笔"面板中选择"硬边圆画笔"，设置画笔"大小"为 50 像素，并在顶端属性栏打开"启用喷枪"按钮，如图 3-43 所示。"设置前景色"→"CMYK"颜色中 K 值为 40，其他为 0，在"外衣层"绘制人物夹克固有色，效果如图 3-44 所示。

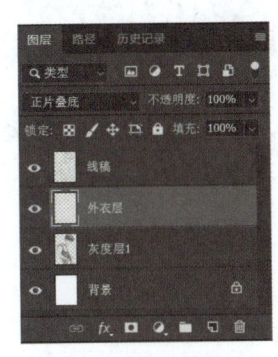 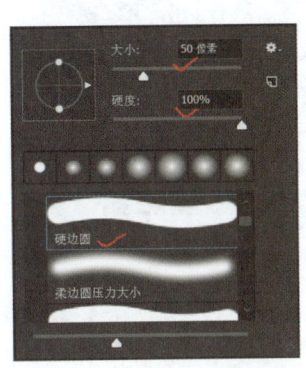 

图 3-42 新建外衣层　　图 3-43 选择硬边圆画笔　　图 3-44 外衣固有色

步骤 4 绘制皮肤、衬衣等固有色。重复步骤 3，为人物裤子、衬衣、头发、皮肤绘制固有色，分别设置裤子、衬衣、头发、皮肤"CMYK"颜色中 K 值为 25、6、60、8，其他为 0，在不同的图层进行涂抹绘制，图层混合模式均为"正片叠底"，如图 3-45 所示。固有色与灰度层同时显现效果如图 3-46 所示。

图 3-45 分层绘制固有色　　图 3-46 固有色与灰度层结合的效果

为衬衣贴花网

3. 让画面质感更丰富细腻——贴花网

不同灰度的网点颗粒细腻强度不同，绘制漫画时用于人物身上或脸部，能很好地表现人物的轮廓和立体感。动漫人物衣服上的花纹图案绘制比较麻烦，使用花色网点进行填充装饰省时又增色，花色网点通常分为现代型、休闲型、古典型等，如图3-47至图3-49所示，可以依据不同角色的特征进行装饰使用。

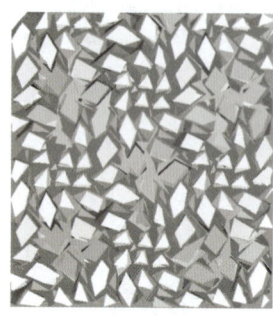
图3-47 现代型网点

图3-48 休闲型网点

图3-49 古典型网点

步骤1 新建衬衣网格文档。按【Ctrl+N】组合键，新建文件"衬衣网格"文档，大小为20厘米×30厘米，分辨率123像素/英寸；在"图层面板"→"背景图层"名称后面的空白处双击，将背景图层转变成可自由编辑的普通"图层0"。

步骤2 选择适合衬衣的网格。单击"图层"面板底部的"图层样式"按钮 fx.，选择"图案叠加"，弹出"图层样式"对话框，如图3-50所示。在"图案叠加"参数设置区单击"图案拾色器"箭头，如图3-51所示。打开"图案拾色器"对话框，单击对话框右上角"选项按钮" ，如图3-52所示。打开"图案选项下拉列表框"，选择"填充纹理"→单击"追加"按钮，将"填充纹理"添加到默认图案列表，如图3-53、图3-54所示。选择"树皮"图案，并将图案样本缩放至303%，如图3-55所示，单击"确定"按钮，为"图层0"添加"图案叠加"样式。

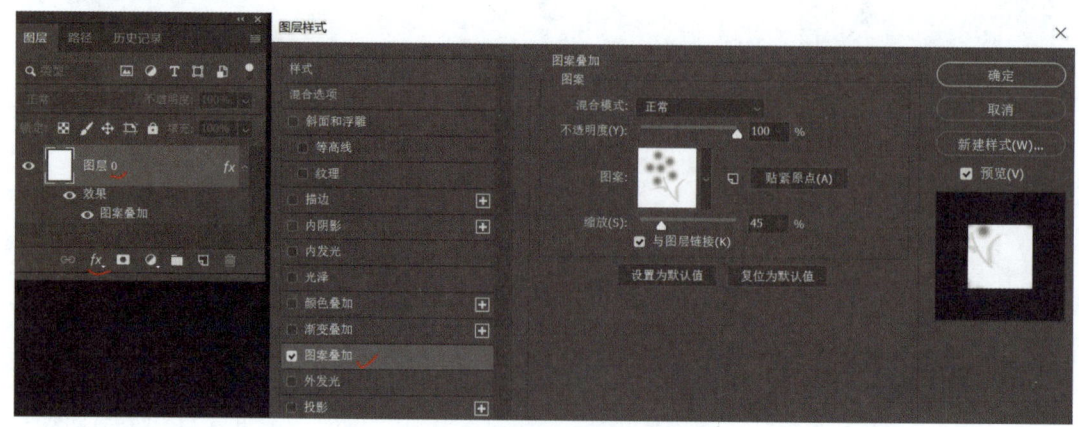
图3-50 "图层样式"对话框

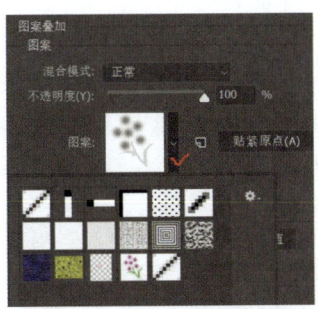

图3-51 图案设置

图3-52 图案样式及选项按钮

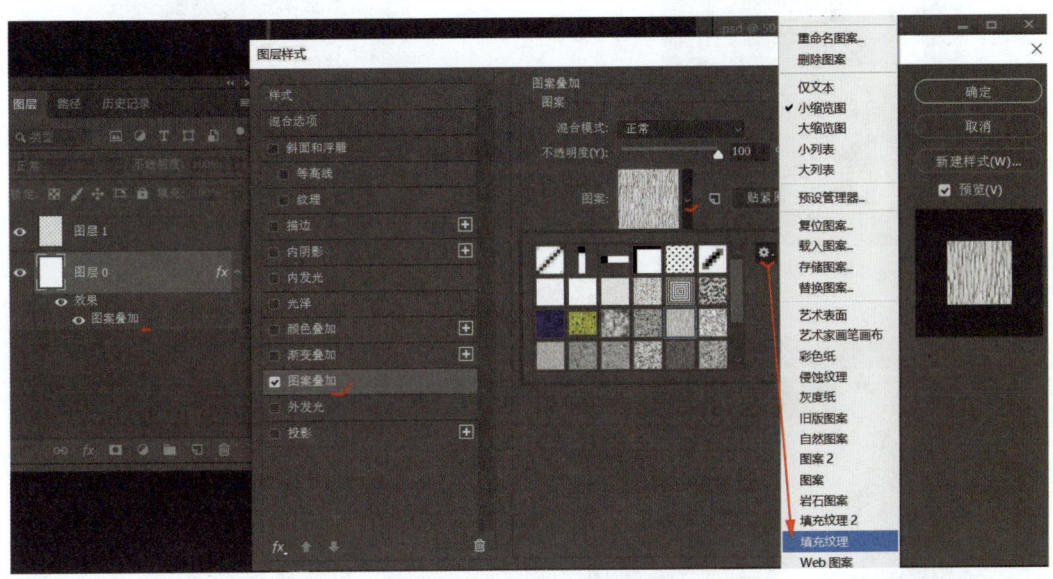

图3-53 图案选项列表

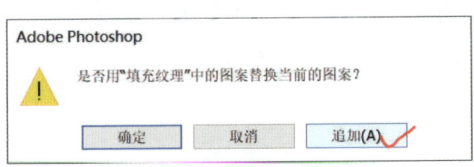

图3-54 追加图案

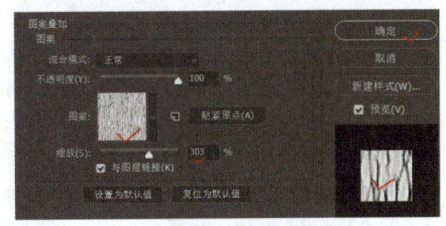

图3-55 树皮图案

步骤3 给图层应用图案叠加样式。在"图层"面板底部单击"创建新图层"按钮，在"图层0"上方新建空白"图层1"，将"图层1"移到"图层0"下方，按【Ctrl+E】组合键合并两个图层，如图3-56、图3-57所示。

步骤4 为衬衣贴花网。回到"动漫角色"文档，选中"衬衣固有色"层，使用"磁性套索"工具，结合属性栏中的"添加到选区"按钮，选取衬衣及领带，并将选区（仅仅是选区外框）移动到"衬衣网点"文档，如图3-58所示，按【Ctrl+C】组合键复制选区内容,回到"动漫角色"文档,按【Ctrl+V】组合键粘贴,得到衬衣形状的"树皮网点",如图3-59所示。发现"树皮网点"层覆盖了衬衣原有的明暗关系,将"树皮网点"层的图层混合模式改为"正片叠底",发现既添加了树皮网点图案,又保留了明暗关系,如图3-60所示。按【Ctrl+M】组合键打开"曲线"面板,调整曲线提亮"树皮网点"层,如图3-61所示。按【Ctrl+S】组合键保存文档。

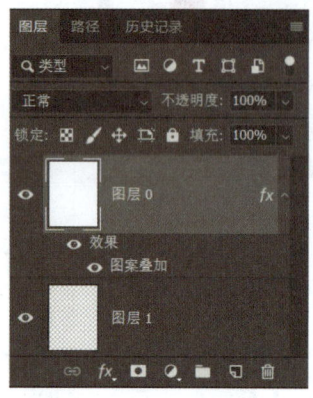

图 3-56　合层前

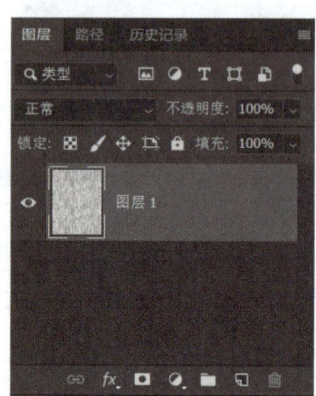

图 3-57　合层后

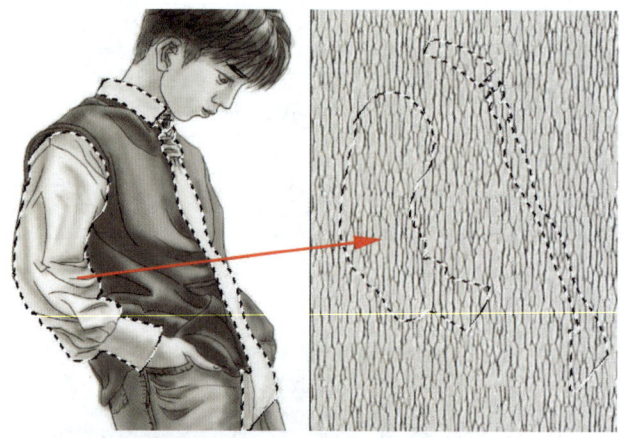

图 3-58　衬衣选区

图 3-59　树皮衬衣

图 3-60　衬衣网点层正片叠底

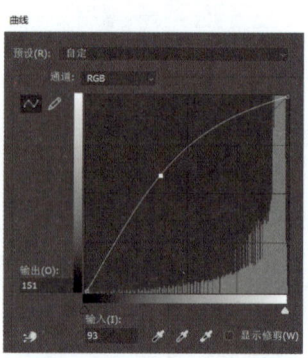

图 3-61　曲线调亮

4. 增添角色气质内涵——气氛网

步骤 1 素材背景选取。选择"文档"→"打开"菜单命令,打开"城堡.jpg"文件,选择"图像"→"模式"→"灰度"菜单命令,将文档转换为"灰度模式"。

步骤 2 渲染角色环境。使用"移动工具" ⊕ 将"城堡"文档图层拖到"动漫角色"文档中,置于"背景层"上方,并更名为"气氛网",如图 3-62 所示。在工具箱中选择"橡皮擦工具" ✎ ,设置橡皮擦"大小"为 300 像素,"不透明度"为 26%,并打开"启用喷枪" 按钮,如图 3-63 所示。使用橡皮擦擦除城堡边缘以及与人物重合的地方,继续使用橡皮擦淡化城堡的清晰度,使城堡起到衬托人物角色的作用,最终效果如图 3-64 所示。

图 3-62 添加气氛网层

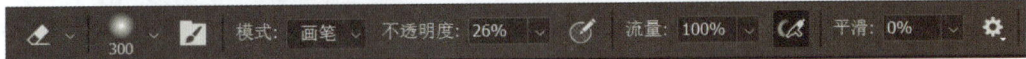

图 3-63 橡皮擦设置

图 3-64 调整气氛网效果

5. 转换网点

转换网点

步骤1 合并需要转换网点的层。打开"动漫角色.psd"文档,将"气氛网"层改名为"不转",将"线稿"层移到图层的最顶端,按住【Shift】键选择除了"背景""线稿""不转"以外的所有图层,如图3-65所示。按【Ctrl+E】组合键合并选中的图层,并命名为"转",如图3-66所示。

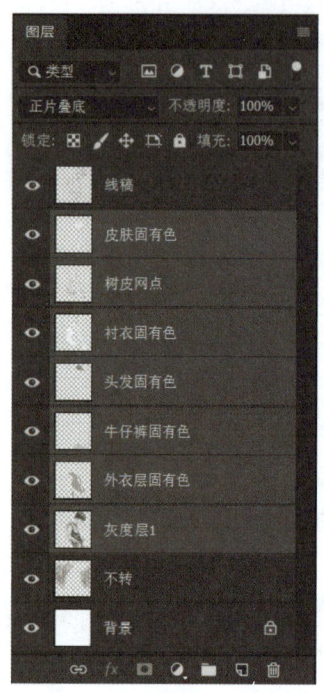

图3-65 选择要转换网点的层

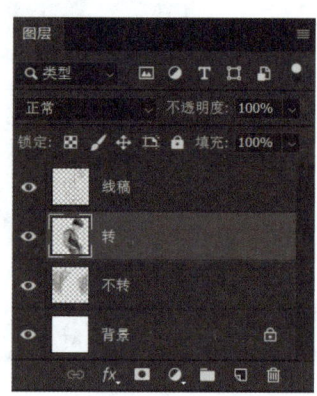

图3-66 合并图层并更名为"转"

步骤2 从当前状态创建新文档。选择"窗口"→"历史记录"菜单命令,打开"历史记录"面板,单击面板底部的"从当前状态创建新文档"按钮 ,即可创建一个和"动漫角色.psd"完全相同的文档,如图3-67和图3-68所示,将创建的新文档中不需转换的层按【Delete】键删除,只保留"转"图层。

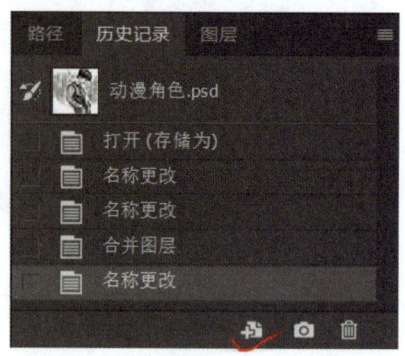

图3-67 从当前状态创建新文档

图3-68 新建相同的文档

步骤3 半调网屏设置。选择"图像"→"模式"→"位图"菜单命令,确定"拼合图层",打开"位图"对话框,在"方法"选项栏选择"半调网屏",如图3-69所示。单击"确定"按钮,打开"半调网屏"对话框,参数设置如图3-70所示。再次单击"确定"按钮,转换网点效果如图3-71所示。

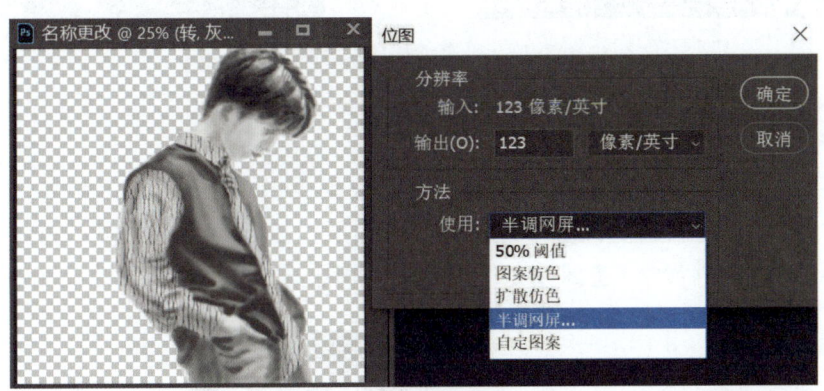

图3-69 "位图"对话框

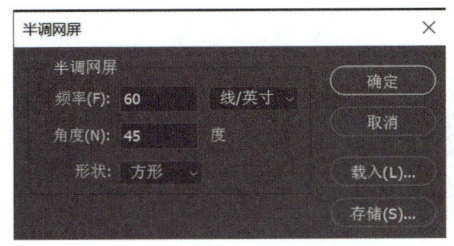

图3-70 半调网屏的参数设置

图3-71 网点效果

步骤 4 为动漫角色贴花网。按【Ctrl+A】组合键全选转换完成的网点图层,按【Ctrl+C】组合键复制到剪贴板,回到"动漫角色"文档,按【Ctrl+V】组合键粘贴到当前文档,并改名为"网点层",如图 3-72 所示。在工具箱中选择"橡皮擦工具" ,设置橡皮擦"大小"为 280 像素,"不透明度"为 20%,并打开"启用喷枪" 按钮,擦除"网点层"人物周围的白色部分,透出之前的城堡背景。

图 3-72 带有线稿的贴花网效果

6. 提亮高光部分

在工具箱中选择"橡皮擦工具" ,设置橡皮擦"大小"为 35 像素,"不透明度"为 30%,并打开"启用喷枪" 按钮,在"网点层"擦除面部、头发、衬衣上的高光部分网点,隐约透出白色背景,起到提亮作用,效果如图 3-73 所示,整体效果如图 3-74 所示。

图 3-73 提亮高光

项目 **3** 古堡探秘动漫原画项目

动漫角色设计

图 3-74 动漫角色最终效果

【任务小结】

以上任务内容细致讲解了动漫角色的线稿绘制、分层填色、图案叠加、气氛渲染、贴花网丰富层次、提亮画面等。在动漫角色的创作中，勾线时要尽量选择"硬边缘压力大小"画笔或"圆点"画笔。在光影立体效果塑造时要分层处理，颜色由浅到深，图层之间混合模式多为"正片叠底"，涂固有色时用实笔。制作网点图案时可以使用"图层样式"中的"图案叠加"进行缩放控制。使用"半调网屏"转换网点时注意参数设置。背景上的气氛网要与角色搭配谐调。

重要工具：画笔、橡皮擦。

核心技术：画笔选用、虚实设置，图层混合模式、半调网屏运用。

实际运用：动漫角色的创作。

任务拓展

通过本次任务的讲解和练习，请同学们利用所学知识完成中国二十四节气中的一个节气角色的原画创作，要求节气特色鲜明，形象生动细腻。

任务三　动漫场景设计

【任务描述】

动漫场景设计在动画制作、游戏设计中居于重要的地位，优秀的动漫场景能够突出主题、渲染气氛、推动剧情发展、升华作品意境，如《千与千寻》中汤屋、水中列车等美得令人感叹的场景。本任务中动漫场景设计包含着场景造型、色彩搭配、光影透视等美术基础知识，体现着创作者的审美风格、画面气氛营造的技巧。

【任务目标】

掌握场景绘制中主要道具的刻画方法，能运用调整图层为场景模仿不同光线下的照明效果以及聚光效果。

【知识链接】

1．分层绘制线稿

设计动漫场景首先要根据心中的创意画出草稿，为了后期便于编辑修改，将草稿分层绘制存储，绘制线稿时注意直线、曲线的虚实对物体的塑造。

2．分层填充绘制色彩

在绘制好的线稿基础上对各个元素进行分层着色，选择色彩时可以打开色轮进行配色，随时查看颜色明度、纯度的搭配关系，有助于达到理想效果。

3．为窗帘自定义图案

在动漫场景设计中常常有很多重复的元素，比如屋顶的瓦片、墙上的壁纸、窗帘或家具上的图案等，对于这些重复元素的绘制比较耗时枯燥，我们可以先将其自定义为图案，然后为墙壁、窗帘等进行图案填充贴图，并结合图层混合模式使图案与环境融为一体。

4．编辑绘制山间彩虹

学会编辑渐变色，制作透明彩虹，装饰风景画面。

5．使用填充与调整图层渲染场景气氛

通过创建纯色图层来控制下方图层的色调，创建曲线图层调亮中央画面，弱化周边环境，达到突出主体，渲染画面气氛的效果。

【任务实施】

1．分层绘制线稿

步骤1　新建文档及图层。在 Photoshop 中，单击菜单"文件"→"新建"命令，打开"新

建文档"对话框,选择"照片"选项栏的"默认 Photoshop 大小",尺寸及分辨率使用默认值,如图 3-75 所示。单击"创建"按钮新建文档,单击"图像"→"图像旋转"→"顺时针 90 度"将画面变为竖幅,单击"文件"→"存储"将新建文档存储为"动漫场景二 .psd"。

图 3-75　默认 Photoshop 大小

在"图层"面板的底部单击"创建新图层"按钮 两次,会新建两个新图层,按【Shift+Ctrl+N】组合键,也可以新建图层,双击两个新图层名称分别命名为"前景"和"远景",如图 3-76 所示。

步骤 2　选择画笔 绘制场景线稿。选择工具箱中的"画笔" 工具,在顶端打开"画笔预设"选取器,选择"硬边圆"画笔,大小"3 像素",如图 3-77 所示。使用鼠标或压感笔在前景层绘制窗帘、花瓶及窗台,效果如图 3-78 所示。在远景层绘制窗外的石堤、河流、远山和天空,效果如图 3-79 所示。

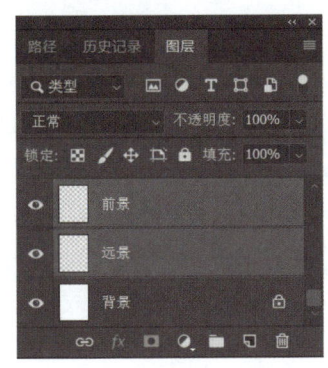

图 3-76　新建两个线稿层

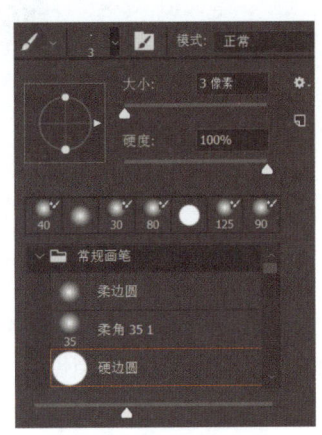

图 3-77　画笔预设

图 3-78　前景线稿

图 3-79　远景线稿

2. 分层填充绘制色彩

步骤 1　新建图层并命名。在"图层"面板中，多次单击"创建新图层" 按钮，得到多个新图层，并分别命名为"窗帘""窗台""花瓶""地面""河流""小山""天空"等，如图 3-80 所示。

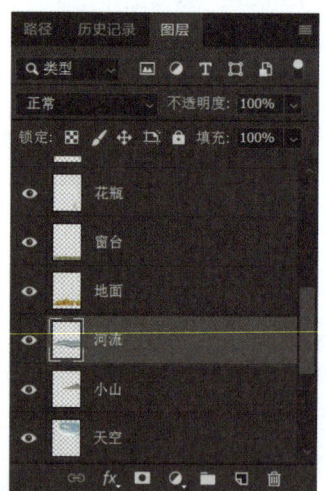
图 3-80　新建填色图层

步骤 2　为窗帘填充渐变色。在"图层"面板中，单击带有窗帘线稿的"前景层"，使用工具箱中的"魔棒工具" 单击一条窗帘获得选区，设置工具箱下方的前景色为 #a27d60，背景色为 #ceb398，选择"渐变工具" ，设置"前景色到背景色渐变"→"线性渐变"，如图 3-81 所示。在"窗帘"层所选布条上从左向右拖动鼠标，得到渐变色窗帘效果，如图 3-82 所示。在"前景层"依次选中各条窗帘，在"窗帘"层一一填充渐变色，得到整个窗帘皱褶立体效果，如图 3-83 所示。勾线部分的空隙可以通过将线稿载入选区，扩展两像素，在"窗帘"层填充前景色，按【Ctrl+D】组合键取消选区，并使用"混合器画笔工具" 对填充部分进行涂抹，使色彩自然过渡，隐藏线稿的窗帘效果如图 3-84

所示。选择合适的颜色，使用步骤 2 同样的方法绘制远处的山峦及窗台上的花瓶，效果如图 3-85 所示。

图 3-81　渐变设置

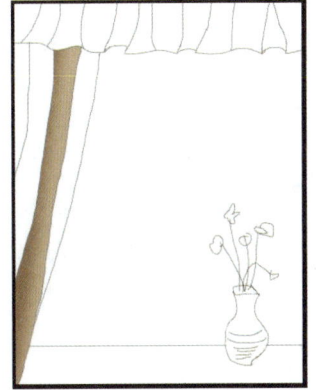

图 3-82　单条窗帘着色

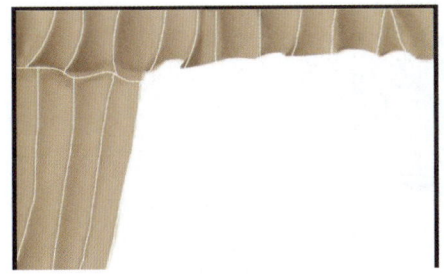

图 3-83　有空隙的窗帘

图 3-84　窗帘整体着色

图 3-85　花瓶与山峦

步骤 3　使用混合器画笔工具绘制天空。在"图层"面板中，单击"远景"层，使用"魔棒工具"在画面中单击天空区域，获得天空的选区，设置工具箱下方的前景色为 #85cdde，背景色为 #b9d1da，使用"画笔工具"涂抹天空 2/3 的区域，单击"切换前景色背景色"![](按钮，将背景色切换为前景色，继续使用画笔工具涂抹天空无色部分，效果如图 3-86 所示。然后将前景色设置为白色，使用"混合器画笔工具"![](对整个天空进行涂抹，使白色、浅蓝等色彩自然过渡，获得白云漂浮于蓝天的效果，如图 3-87 所示。选择合适的颜色，使用步骤 3 同样的方法绘制河流，效果如图 3-88 所示。

图 3-86　需要融合的蓝天

图 3-87　蓝天白云效果

图 3-88　加入天空与河流

步骤 4　绘制瓶花及地面。在"花瓶"图层上方新建两个图层，分别命名为"花径""花瓣"，在"花瓣"层依据"前景"层线稿使用"画笔工具"![](绘制花瓣，花瓶线稿如图 3-89 所示；在工具箱底部设置前景色为 #dde1d3，使用"画笔工具"![](选择"湿介质画笔"→"Kyle 的墨水盒"，设置画笔大小为"40"，流量为"80%"，在花的中心单击画出乳白色花蕊，设置前景色为 #d8a643，绘制几个不规则花瓣，再将画笔不透明度设置成"40%"绘制几个花瓣；设置前景色为 #dbbb66，不透明度设置成"100%"，围绕花蕊继续添加几个花瓣；效果如图 3-90 所示；选择不同明度的黄色，使用步骤 4 相同的方法绘制河岸边地面，效果如图 3-91 所示。

按住【Ctrl】键并单击"前景"线稿层的"图层缩览图"，得到所有线稿的选区，使用"套索工具"![](结合"从选区减去"![](按钮，减掉除花瓣、花径之外的所有选区，设置前景色为白色，选择"花径"层，按【Alt+Delete】组合键，将花径填充为白色，如果花径太细可以多按【Alt+Delete】几次进行填充，效果如图 3-92 所示。窗台部分的填色模仿大理石效果，设置不同灰度的前景色和背景色，在"前景"层使用魔棒获得窗台选区，新建"窗台"层，打开"滤镜"→"渲染"→"云彩"菜单命令，获得前景色与背景色随机混合图案,执行"滤镜"→"模糊"→"高斯模糊"菜单命令,模糊半径设置为"3.7"。至此,动漫场景基本涂色完成,效果如图3-93所示。

图3-89 花瓶线稿

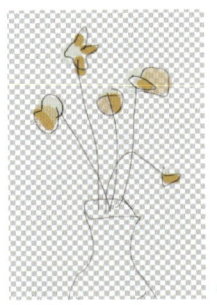

图3-90 绘制花瓣

图3-91 绘制河岸边地面

图3-92 白色花径

图3-93 基本涂色完成

3. 为窗帘自定义图案

为窗帘自定义图案

步骤 1 选择图案。按住工具箱中"矩形工具" 右下角的小三角，选中"自定形状工具" ，如图 3-94 所示。在顶端属性设置栏，自定形状工具模式选择"像素"，单击"形状"后面的向下箭头，打开软件自带的各种形状选项框，查看有没有合适的图案，如图 3-95 所示。如果没有合适的图案，可以自行添加 Photoshop 内置的其他图案，单击自定形状选项框右上角的 按钮，打开自定形状的设置选项，从中选择"全部"，在后面的对话框中选择"确定"按钮，如图 3-96 所示。得到更多的自定形状，从众多形状中选择"松树" 、"冬青树" ，如图 3-97 所示。

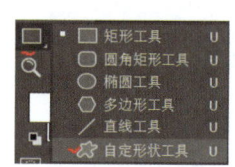

图 3-94　自定形状工具　　　　　　　图 3-95　选择形状对话框

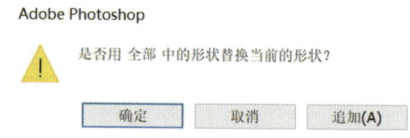

图 3-96　添加全部形状对话框

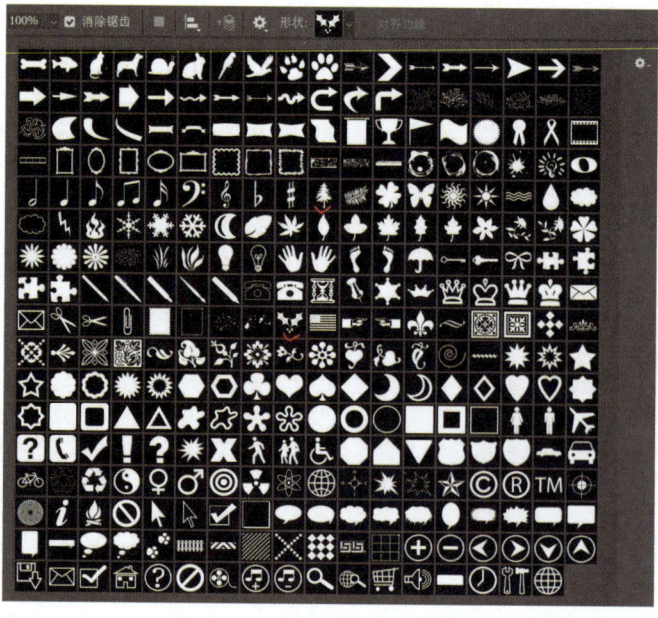

图 3-97　全部自定形状

步骤2　绘制并定义图案。执行"文件"→"新建"菜单命令，新建"Photoshop 默认大小"文档，在"图层"面板中新建"图层1"，双击"背景"图层解锁，按【Delete】键删除背景图层，只保留一个透明的"图层1"，如图3-98所示。设置前景色为#7b7b7b，使用"自定形状工具" ，选择工具模式为"像素"，选择"松树"图案，在透明的图层上绘制一棵松树，以相同的方法在松树旁边画一颗冬青树，如图3-99所示。使用工具箱中的"矩形选框工具" 框选两棵树,执行"编辑"→"定义图案"菜单命令，完成自定义图案组合。

新建一个与动漫场景相同大小的文档，新建一个透明图层，删除背景层，执行"编辑"→"填充"菜单命令，在"填充"对话框中"内容"选项为"图案"，在"自定图案"选项最底部选择刚刚定义的两棵树图案，如图3-100所示。单击"确定"按钮，填充效果如图3-101所示。为了让图案符合窗帘的动势，需要对图案进行变形处理，选中填充好图案的透明图层，按【Ctrl+T】组合键对图案进行"自由变换"，在画面上右击选择"变形"，用鼠标拖动变形点手柄对图案进行变形处理，变形后的效果如图3-102所示。

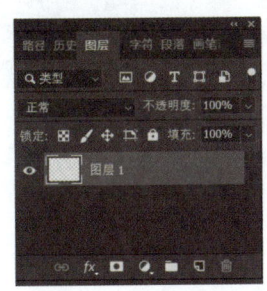　　　　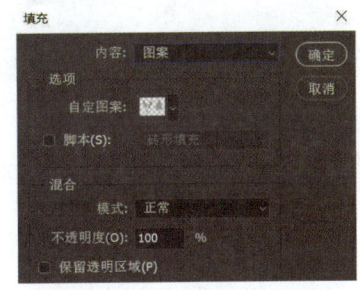

图3-98　透明图层　　　　图3-99　绘制两棵树　　　　图3-100　"填充"对话框

　　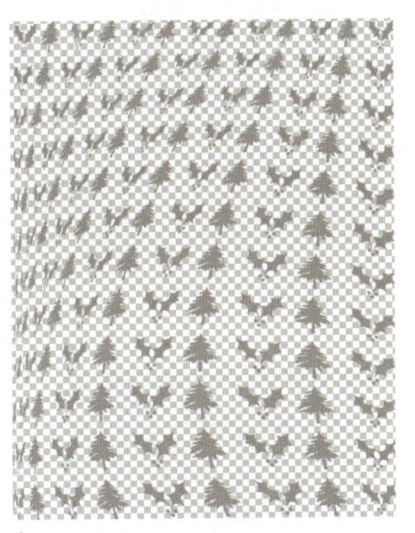

图3-101　图案填充效果　　　　图3-102　变形后的图案

步骤3　为窗帘填充图案。在"动漫场景二"文档的图层面板上选中"窗帘"层，按住【Ctrl】键，鼠标单击"窗帘"层的"图层缩览图"，得到涂色窗帘的选区，使用任意选择工具将窗帘选区移到填充了图案的文档上，调整选区位置，让选区框选合适的图案，然后按【Ctrl+C】组合键复制图案，选中"动漫场景二"文档"窗帘"层，然后按【Ctrl+V】组合键粘贴图案，会形成一个新的"窗帘图案"图层，如图 3-103 所示；为了让图案融入窗帘的明暗立体关系，设置"窗帘图案"层的"混合模式"为"强光"，使用"加深工具" 柔边圆画笔涂抹窗帘及图案暗部，效果如图 3-104 所示。

图 3-103　窗帘图案层

图 3-104　图案层强光模式

4．编辑绘制山间彩虹

步骤 1　编辑彩虹。选择工具箱中的"渐变工具" ，在属性栏点按"渐变"拾色器箭头，打开"渐变拾色器"对话框，从中选择"透明彩虹渐变"，如图 3-105 所示。单击彩虹条，打开"渐变编辑器"，如图 3-106 所示。彩虹条上面的小锁控制颜色的透明度，白色为全透明，黑色为不透明，灰色为半透明，单击小锁可设置不透明度。彩虹条下面的小锁代表各种颜色，可以添加或删除小锁，控制颜色数量。

图 3-105　渐变拾色器对话框

图 3-106　渐变编辑器

在"渐变编辑器"中，移动彩虹条下方的小锁集中到右侧，同时将上面的不透明度控制锁也移到右侧相应位置，如图3-107所示。单击"新建"按钮将编辑好的渐变条存储起来，单击"确定"按钮退出编辑器，选择"渐变工具"，在属性栏设置渐变方式为"径向渐变"，勾选"透明区域"，在一个新文档上新建透明图层，在透明图层上从中心向画外拖动鼠标，绘制出一个彩虹圈，如图3-108所示。

图3-107 编辑渐变彩条

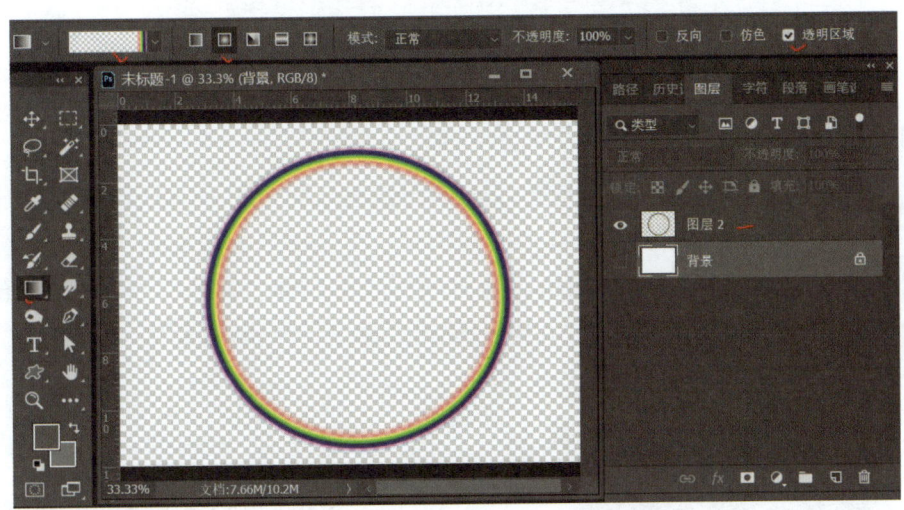

图3-108 用自编渐变条画出的彩虹圈

步骤2 添加彩虹到场景。使用"矩形选框工具"框选彩虹的下半部分，按【Shift+F6】组合键打开"羽化选区"对话框，设置羽化半径为"56"，如图3-109所示，单击"确定"按钮完成选区的羽化；按Delete键删除选区中的彩虹，留下上半圈彩虹，按【Ctrl+D】组合键取消选区，效果如图3-110所示。使用"移动工具"将彩虹移到"动漫场景二"文档"小山"图层之上，调整大小位置、图层透明度等，加入彩虹的效果如图3-111所示。

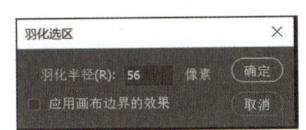

图3-109 羽化选区

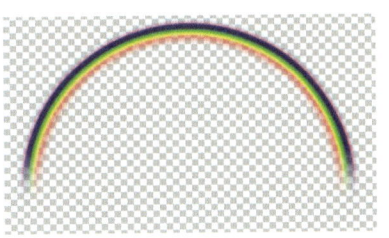

图3-110 半圈彩虹

图 3-111 加入彩虹的动漫场景

5. 使用填充与调整图层渲染场景气氛

渲染场景气氛

步骤 1 使用纯色填充图层渲染气氛。打开"动漫场景二.psd"文档,选中图层面板最上面的图层,单击图层面板底部的"创建新的填充或调整图层" 按钮,从选项列表中选择"纯色",在打开的拾色器对话框中选择亮黄色 #f5f76a,单击"确定"按钮,会新建一个"颜色填充 1"图层,如图 3-112 所示。

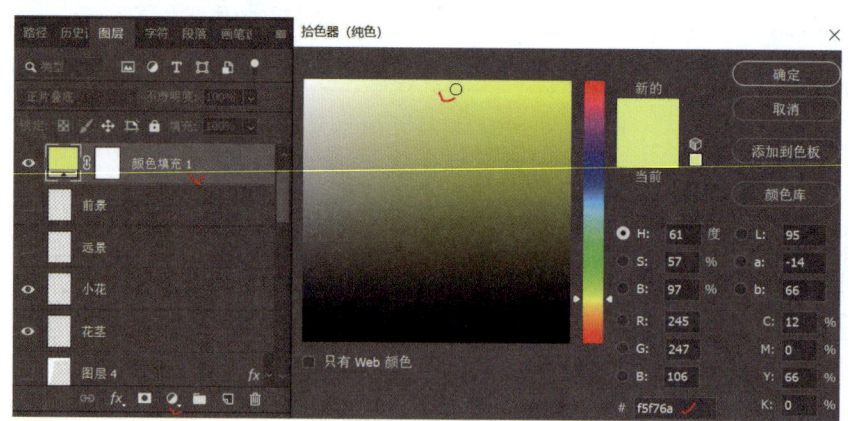

图 3-112 新建纯色填充图层

新建的"颜色填充 1"图层亮黄色会遮盖住下面所有图层,我们可以通过"创建剪贴蒙版"来控制下方单个图层颜色的显示,也可以通过设置"图层的混合模式"影响下方所有图层,这里通过设置"图层的混合模式"来实现想要的效果,选中"颜色填充 1"图层,单击"图层混合模式"向下箭头,从列表中选择"正片叠底"选项,得到动漫场景的朦胧效果,如图 3-113 所示。更改"图层混合模式"为"柔光",得到柔和的高亮度效果,如图 3-114 所示。更改"图层混合模式"为"排除",得到夜晚梦幻的色彩,如图

3-115所示。更改"图层混合模式"为"色相",得到单色效果,如图3-116所示。

图3-113 填充图层的正片叠底效果

图3-114 柔光模式效果

图3-115 排除模式效果

图3-116 色相模式效果

步骤2 使用曲线调整图层制作聚光灯效果。在图层面板中,单击"颜色填充1"图层,把"图层混合模式"改回"正片叠底",选择工具箱中的"椭圆选框工具",按住【Alt+Shift】组合键,同时在画面正中向外拖动鼠标画出一个正圆形选区,如图3-117所示。在这里,我们想保留中间为亮部,压暗周围环境,所以需要反选,按【Ctrl+Shift+I】组合键得到相反的选区,单击图层面板底部的"创建新的填充或调整图层"按钮,从选项列表中选择"曲线",在曲线"属性"面板中向下拖动曲线,效果如图3-118所示。曲线调整的画面明暗边缘较生硬,过渡不自然,在曲线"蒙版"对话框中调整"羽化"为120像素,效果如图3-119所示。至此我们完成了动漫场景的气氛渲染。

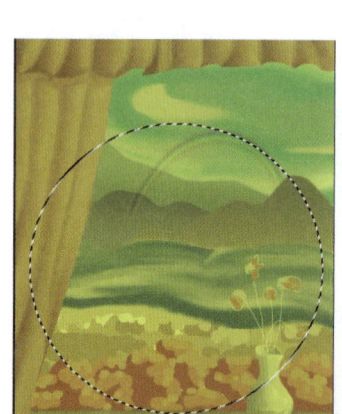
图 3-117　正圆形选区

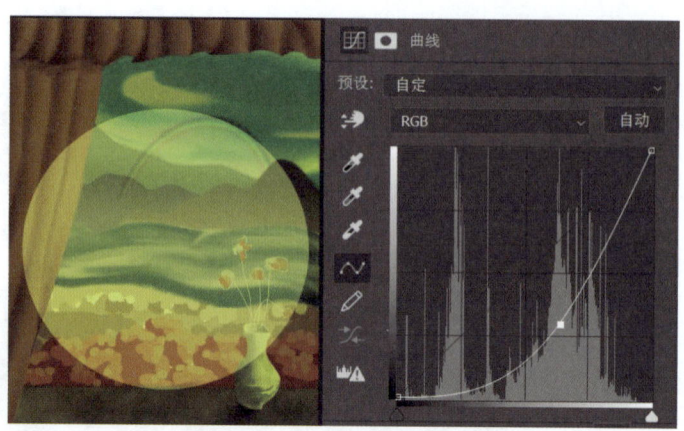
图 3-118　曲线调整设置

动漫场景设计

图 3-119　曲线蒙版羽化后的自然过渡效果

【任务小结】

以上任务内容细致地讲解了动漫场景设计绘制的全过程。在动漫场景的创作中，为了突出主题，就要把握好近实远虚、近艳远灰，场景色调氛围统一的效果。为了方便后期调整修改画面，线稿与涂色都要按不同元素细分建成不同的图层绘制。在使用一些重复元素时，尽量定义成图案再填充。学会使用"渐变编辑器"编辑色彩，能灵活运用"混合器画笔工具" ，图层的混合模式中叠加、正片叠底、强光、柔光等比较常用。填充与调整图层对渲染场景气氛能起到很好的作用。

重要工具：混合器画笔工具、渐变编辑器。

核心技术：图层混合模式、填充与调整图层。

实际运用：动漫场景、插画制作。

任务拓展

通过动漫场景创作任务的学习，同学们掌握了自定义图案、编辑彩虹、渲染气氛等技巧，请大家认真观摩动画片《千与千寻》，充分理解故事中千寻从一个冷漠、怯懦、没精打采、惹人生厌的女孩学会了积极做事、坚强、忍耐、尊敬善待他人，在磨砺中变的执着勇敢，寻找到真正属于自己的价值，这是成长最美好的馈赠。参考动画片中奇幻精美的场面，如图 3-120、图 3-121 所示，创作一幅中国历史故事的动漫场景。

图 3-120　水上电车

图 3-121　汤屋夜景

任务四 古堡壁画绘制

【任务描述】

壁画是指绘在建筑物的墙壁或屋顶上的图画，它是历史最久远的绘画形式之一。分为粗地壁画、刷地壁画和装贴壁画等。它绘制在殿堂、墓室、寺观、石窟当中，比如敦煌壁画、北京雍和宫壁画、秦汉时代的宫殿壁画、隋唐墓室壁画等。在这里，古堡壁画作为古堡探秘动画的场景道具，起到交代环境、辅助故事讲述、场景转换以及指引游戏步骤等作用。

【任务目标】

掌握绘制国画风格壁画、西洋油画风格壁画的技巧。能使用滤镜、历史记录艺术画笔绘制油画人物或风景。

【知识链接】

1. 仿大唐壁画

人类很早就有一个飞行的梦想，所以从未停止过探索的步伐。飞天，承载着中国人对美、对自由的极致想象，敦煌莫高窟飞天持乐歌舞，翱翔天空，美不胜收。后面我们将使用 Photoshop 模仿唐代绘画效果及技巧绘制国画风格的飞天壁画，绘画形式主要包括勾线、平涂、色彩渲染。

2. 油画风格的壁画

此项任务绘制"驾驶绿色敞篷车的女人"，设计颜色以灰金色为主色调，搭配绿色车身，选取油画质感画笔以写实手法展现女性自信自强、自由驾驶驰骋的风采。

3. 其他油画风格绘制技巧——滤镜

Photoshop 中的油画滤镜，可以设置画笔的描边样式、清洁度、硬毛刷的细节、光照角度、闪光值等，能较真实的模仿现实油画效果。

4. 其他油画风格绘制技巧——历史记录艺术画笔

历史记录艺术画笔可以通过来自图像早期状态的像素绘制装饰描边。

【任务实施】

1. 仿大唐壁画

仿大唐壁画是古堡探秘动画剧情中穿越历史来到中国唐代的部分，唐代壁画以其娴熟的绘制技巧，丰富写实的内容，宏伟巨制的画幅，使我们对光辉灿烂的唐代文化艺术有了更深刻的认识,如图 3-122 所示为敦煌莫高窟壁画,图 3-123 所示为唐墓室壁画。

图 3-122　敦煌莫高窟——《菩萨》

图 3-123　唐懿德太子墓——《仪仗》

本次任务我们将使用 Photoshop 模仿唐代绘画效果及技巧绘制国画风格的飞天。

步骤 1　飞天造型创意思路。在敦煌莫高窟 492 个洞窟中,几乎每个洞窟都画有飞天凌空飞舞,奏乐散花的形象,我们新时代的飞天创作想要借助新技术为飞天赋予力量美。在创作飞天的动势之前,查阅了大量的花样游泳、体操、冰上芭蕾等素材,最终提炼出有飞升效果、充满力量的身姿,如图 3-124 所示。为了增加动势,配上了飘带及飞动的长裤,腰间点缀了装饰带,使整个画面构图饱满、动势张力十足,如图 3-125 所示。

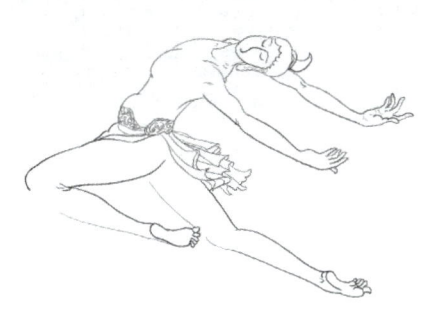

图 3-124　飞天造型

图 3-125　为飞天加上服饰

步骤 2　将手绘草稿转换成电子版。将手绘草稿拍摄或扫描存成电子版,在 Photoshop 中打开扫描文件,另存为"飞天.psd"文档,执行"图像"→"图像大小"菜单命令,在"图像大小"对话框中设置宽度为 66 厘米,高为 56 厘米,分辨率为 72 像素/英寸,单击"确定"按钮,如图 3-126 所示。在图层面板中新建两个图层,分别命名为"身体线稿""服饰线稿",如图 3-127 所示。

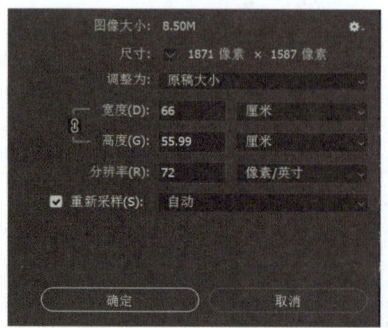

图 3-126　设置图像尺寸

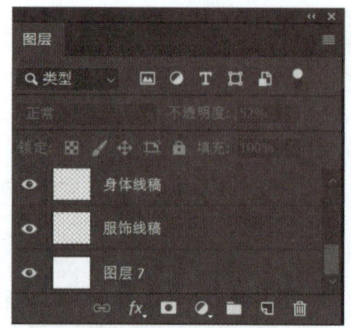

图 3-127　新建两个线稿层

使用工具箱中的"画笔工具" ，选择"常规画笔"下面的"硬边圆",设置画笔大小为 4 像素,硬度为 100%,如图 3-128 所示。按 F5 快捷键打开"画笔设置"对话框,单击"画笔笔尖形状"选项,设置"间距"为 1%,如图 3-129 所示。然后分层绘制线稿,如图 3-125 所示。

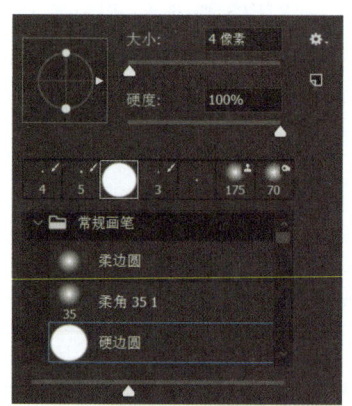

图 3-128　设置勾线画笔

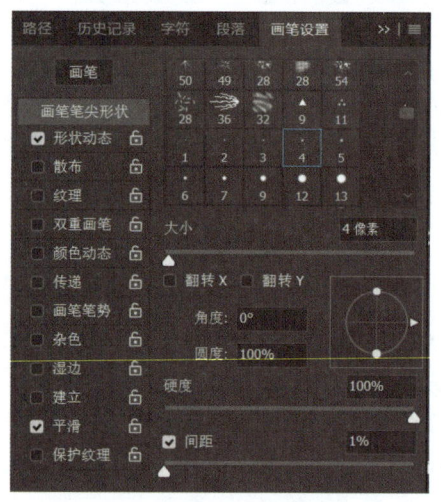

图 3-129　设置画笔笔尖形状

步骤 3　为飞天分层着色。线稿完成后,准备为飞天着色,打开"飞天.psd"文档,在"图层"面板中,单击"背景"图层,单击图层面板底部的"创建新图层" 按钮 4 次,新建 4 个图层,分别命名为"肤色""腰饰""长裤""飘带",4 个图层位于线稿层的下方,如图 3-130 所示。在工具箱底部设置前景色为 #7d666b,单击工具箱中的"画笔工具" ,选择"常规画笔"下的"柔边缘",在"肤色"层涂抹人物暗部肤色,在英文输入状态下,按键盘上的 [] 键可以随时调整画笔大小,方便不同部分的着色；设置前景色为 #b4a6a8,在"肤色"层涂抹人物亮部肤色,然后使用"混合器画笔工具" 涂抹暗部与亮部交界处,使颜色过渡自然,效果如图 3-131 所示。

设置前景色为#d5d2de,使用"画笔工具" 在"肤色"层涂抹人物鼻子、眼睛、嘴巴,以提亮高光,设置前景色为#c4a0a6肉粉色,涂抹脸颊、耳朵、指尖等红润处,效果如图3-132所示。分别设置前景色为#271120和#c3babf,涂抹头发暗部及亮部,然后使用"混合器画笔工具" 涂抹明暗交接处,使头发过渡自然,设置前景色为#ae5433,使用同样的方法为发带着色,效果如图3-133所示。

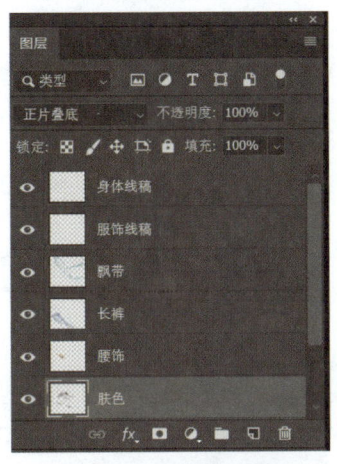

图3-130 新建着色层

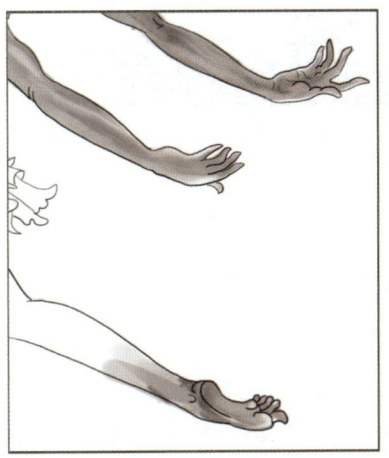

图3-131 绘制肤色

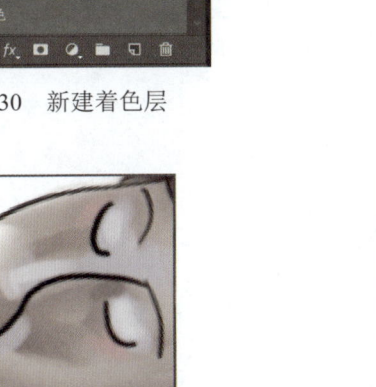

图3-132 提亮高光、点染红色

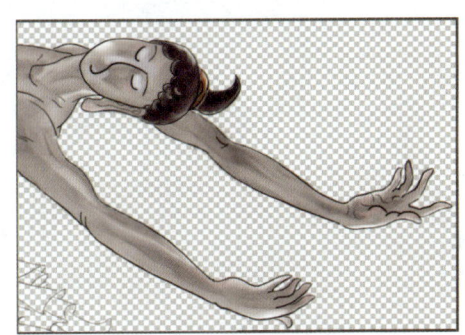

图3-133 为头发着色

下面为长裤着色,单击图层面板中的"长裤"层,以选中该层,将"身体线稿""服饰线稿"层的"指示图层可见性" 的眼睛打开,如图3-134所示。设置前景色为#406eb9深蓝色,使用"画笔工具" ,依据长裤的线稿在画面上涂抹背光部分的颜色,设置前景色为#e2eaf5淡蓝色,使用"画笔工具" ,绘制长裤受光部分的颜色,然后使用"混合器画笔工具" 涂抹深蓝与浅蓝明暗交接处,使明暗过渡自然,为了增强亮部效果,可以将前景色设为白色,使用"混合器画笔工具" 从没有涂色的亮部向深蓝色暗部涂抹,效果如图3-135所示。注"混合器画笔工具" 在已有填充色的区域涂抹时能起到混合已有色彩的效果,在无填充色的地方拖动"混合器画笔工具" ,将会使用前景色绘制画面。

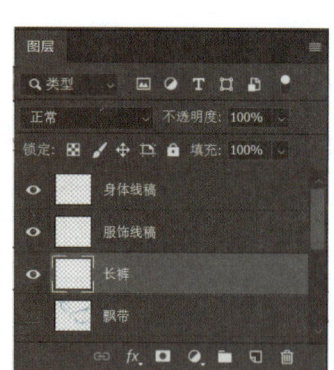

图 3-134　各图层显示

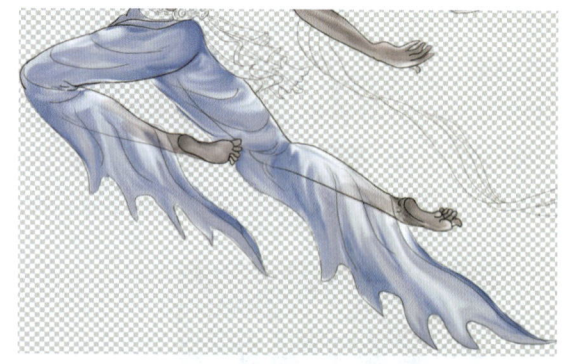

图 3-135　长裤着色效果

色彩笔触的混合技巧

下面为飘带涂色，单击图层面板中的"飘带"层，以选中该层，将"身体线稿""服饰线稿"层的"指示图层可见性" 👁 的眼睛打开，依次设置前景色为 #4fabba 深湖蓝色和 #80d6eb 浅湖蓝色，使用"画笔工具" 依据线稿在画面上涂抹飘带的背光和受光部分的颜色，然后使用"混合器画笔工具" 涂抹深湖蓝与浅湖蓝明暗交接处，使明暗过渡自然，效果如图 3-136 所示。如果想画出服饰的半透明效果，可以设置画笔的不透明度或图层的不透明度。

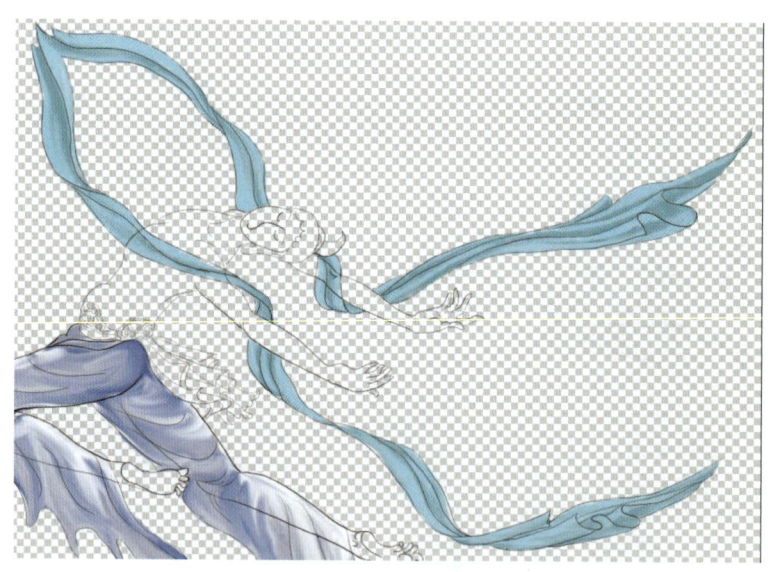

图 3-136　飘带着色效果

腰饰着色方法同上，依次设置前景色为 #bb8644 土黄色和 #d5b386 浅黄色，使用"画笔工具" 依据线稿在画面上涂抹腰饰的背光和受光部分的颜色，然后使用"混合器画笔工具" 涂抹土黄与浅黄明暗交接处，使明暗过渡自然，效果如图 3-137 所示。至此，各部分分层着色完成，效果如图 3-138 所示。

步骤 4　设置背景色。身体及服饰着色完成后，为了达到更好的艺术创作效果，我们来设置背景图层的颜色，在图层面板中，单击"背景"层，以选中该层，设置前景色为#601b04暗红色，背景色为#050201黑褐色，选择"滤镜"→"渲染"→"云彩"菜单命令，再执行"滤镜"→"渲染"→"分层云彩"菜单命令，得到背景图层的随机混合云彩效果如图3-139所示。各着色层与云彩背景层展示效果如图3-140所示。

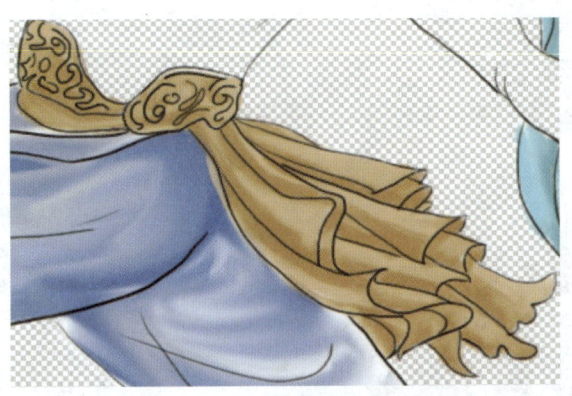

图3-137　腰饰着色效果

图3-138　分层着色效果

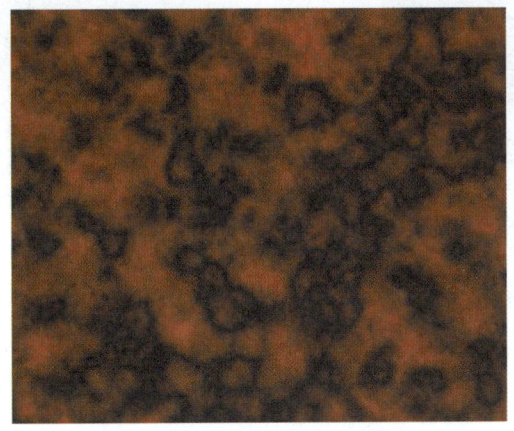

图3-139　分层云彩背景

图 3-140 正常图层效果

步骤 5 设置各图层混合模式。我们看到各图层正常模式下的效果比较生硬，设置背景层"不透明度"为 52% 左右。选中"肤色"层，单击"设置图层的混合模式" 正常 按钮的向下箭头，从下拉列表中选择"正片叠底"，如图 3-141 所示。使用同样的方法设置"腰饰"层的图层混合模式为"正片叠底"。设置"长裤"层的图层混合模式为"柔光"。设置"飘带"层的图层混合模式为"划分"，最终得到画面效果如图 3-142 所示，该幅飞天壁画创作完成。

仿大唐壁画

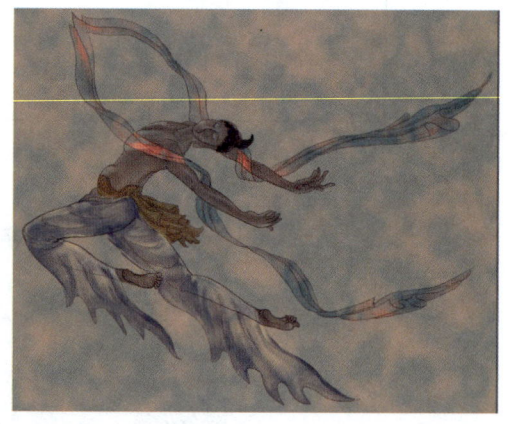

图 3-141　肤色层正片叠底　　　　　图 3-142　飞天不同图层混合模式最终效果

2. 油画风格的壁画

欧洲文艺复兴盛期的壁画、天顶画与建筑结构巧妙结合，技法写实、生动细腻，如米开朗琪罗为罗马西斯廷教堂创作的巨幅天顶画《创世纪》，拉斐尔为梵蒂冈宫绘制的《雅典学院》等堪称世界艺术画廊珍品，如图 3-143、图 3-144 所示。油画色彩绚丽丰富、画面厚重逼真、立体感强。要绘制一幅成功的油画，需要较深的美术功底，对于初学绘画的人来说，具有很大的难度。但是只要能熟练掌握 Photoshop 软件，就可以轻松在电脑中绘制出漂亮的油画作品。在这里我们将使用 Photoshop 软件模仿油画效果绘制《驾驶绿色敞篷车的女人》。

图 3-143　创世纪（局部）

图 3-144　雅典学院

绘制之前，我们先说说 Photoshop "画笔工具" 在这里的应用技巧。

Photoshop 画笔类型有很多，也有不同的分类方法，按风格划分，可以分为厚涂类型、薄水彩类型、干画笔类型等；按照功能划分，可以分为勾线类型画笔、上色类型画笔。下面对几种常用画笔进行说明。

勾线类型画笔：作者本人常用尖角 13 号画笔，经过图 3-145 ～图 3-147 参数设置，才能调节成勾线类型画笔，此状态是使用手绘板时的显示效果。

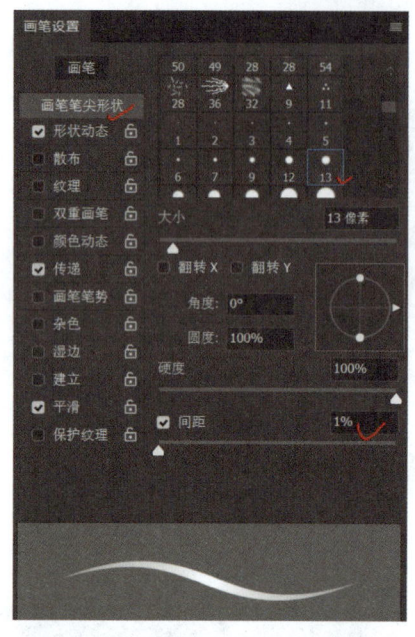

图 3-145　尖角 13 号画笔笔尖

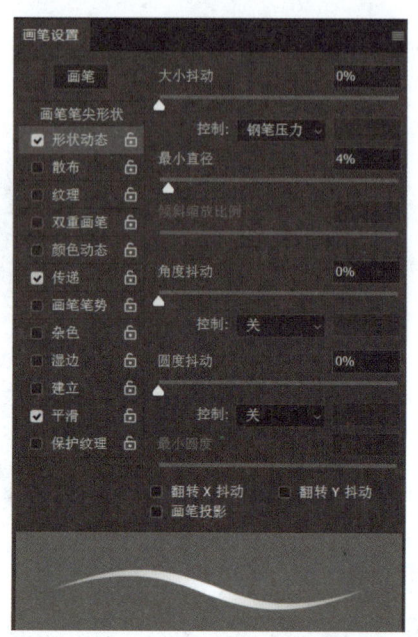

图 3-146　尖角 13 号画笔形状动态

勾线常用圆点 4 号画笔，经过图 3-148 ～图 3-150 参数设置，才能调节成勾线类型画笔，此状态是使用手绘板时的显示效果。

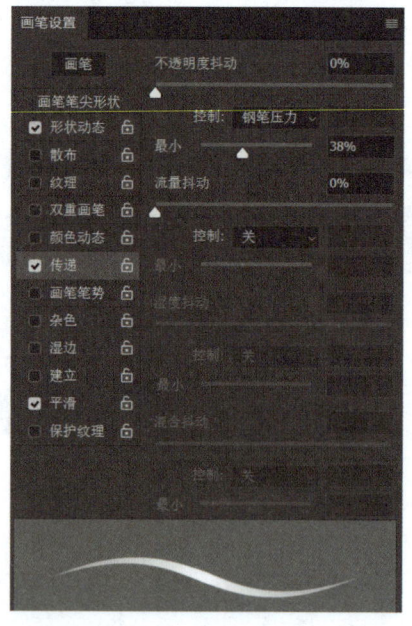

图 3-147　尖角 13 号画笔传递设置

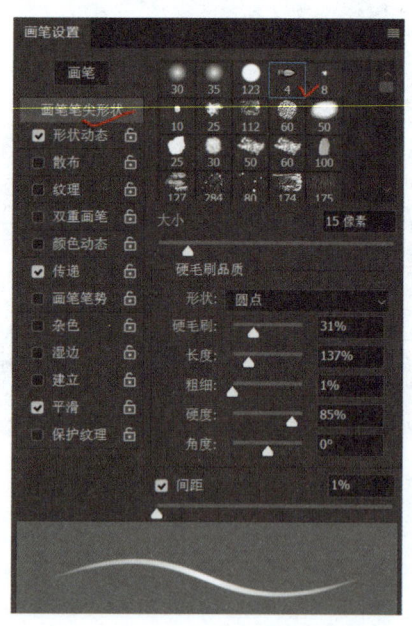

图 3-148　圆点 4 号画笔笔尖

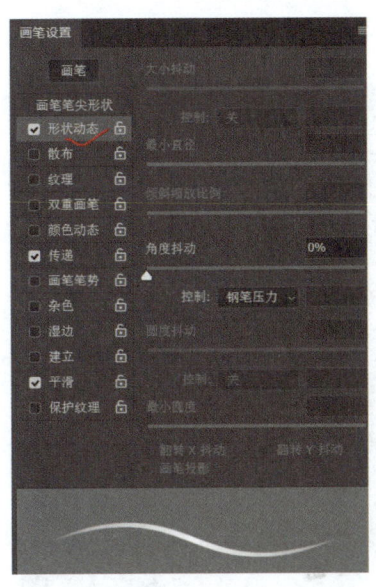 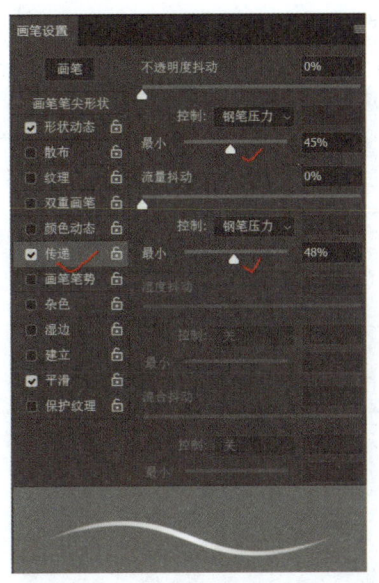

图 3-149　圆点 4 号画笔形状动态　　　　图 3-150　圆点 4 号画笔传递设置

厚涂上色类型画笔：作者本人常用平扇形 25 号画笔，喷枪 50 画笔，侵蚀三角形画笔，旋绕画笔等，如图 3-151 ~ 图 3-154 所示。

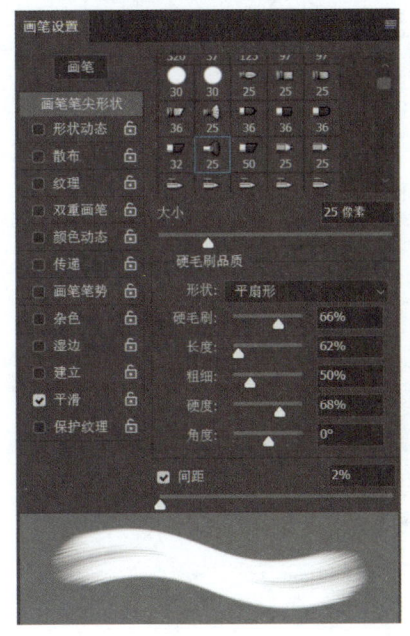 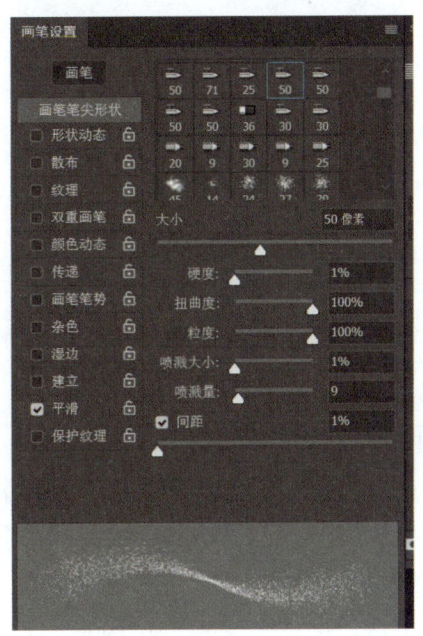

图 3-151　平扇形 25 号画笔　　　　　　图 3-152　喷枪 50 画笔

画笔的使用-过渡色与模糊：厚涂画笔如何获得过渡色呢？常用的方法就是使用画笔时，按住【Alt】键，此时画笔将变成"吸管工具"，吸取两种颜色的中间色进行过渡，如图 3-155 所示。若想得到更自然的过渡效果，可以将画笔硬度值或不透明度降低，这样笔触会更柔和。为了达到融合渲染效果，需要让笔触颜色变得模糊，可以使用"涂抹工具"，在原有颜色上进行涂抹，即可得到模糊效果，如图 3-156 所示。

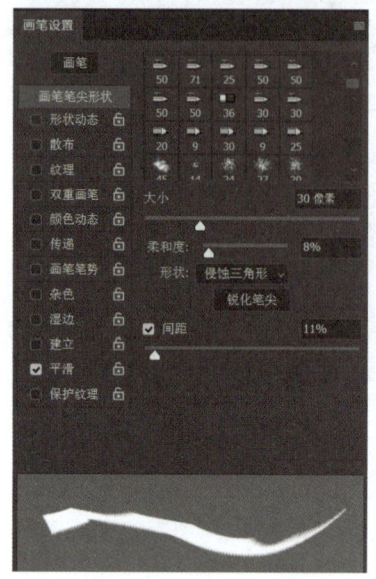

图 3-153　侵蚀三角形画笔

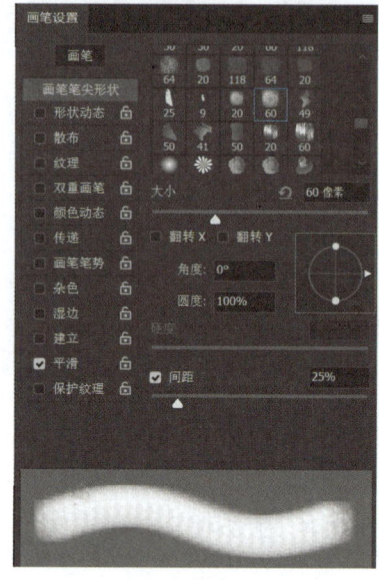

图 3-154　旋绕 60 画笔

图 3-155　吸取中间色进行过渡

图 3-156　颜色模糊效果

Photoshop 画笔的几个重要设置：当我们使用手绘板或数位屏时，压感笔用力不同会体现出线条的粗细虚实，色彩的浓淡效果，前提是要先对画笔的"形状动态""传递"选项进行设置。"形状动态"决定画面中线条所呈现出的粗细效果，尤其是轮廓线条变化丰富，绘制时需要勾选"形状动态"。将"控制"设为"钢笔压力"，调小最小直径数值，这样下笔越用力，线条越粗；用力越小，线条越细，如图 3-157 所示。

"传递"决定线条呈现出不同的颜色浓淡虚实效果，如果需要使用颜色过渡、晕染等上色手法，就需要勾选"传递"，将"控制"设置为"钢笔压力"，调小最小数值，这样下笔越用力，颜色越深。用力越小，颜色越浅，如图 3-158 所示，设置"形状动态"及"传递"选项参数后的绘画效果如图 3-159 所示。

下面我们开始绘制《驾驶绿色敞篷车的女人》。

步骤 1　在 Photoshop 中新建文档，文档大小为高 20 厘米 × 宽 15

油画风格绘制
技巧分析 - 敞篷车

厘米，分辨率为 200 像素 / 英寸，存储为"驾驶绿色敞篷车的女人 .psd"。在背景层上方新建"草图层"，在工具箱中选择"画笔工具"，在画笔设置面板中选择"圆点 4 号画笔"作为勾线笔，设置画笔"大小"为 13 像素，如图 3-160 所示。勾选"形状动态"与"传递"选项，将"传递"选项后面的"控制"设置为"钢笔压力"，并调小最小数值为 3%，如图 3-161 所示。在画面正中间画一个红色十字架标注中心，开始构图起草人物的朝向、动势，根据人物位置带出汽车结构，依据人物额头的十字线，以直线概括出眼、眉部分的形状结构，如图 3-162 所示。

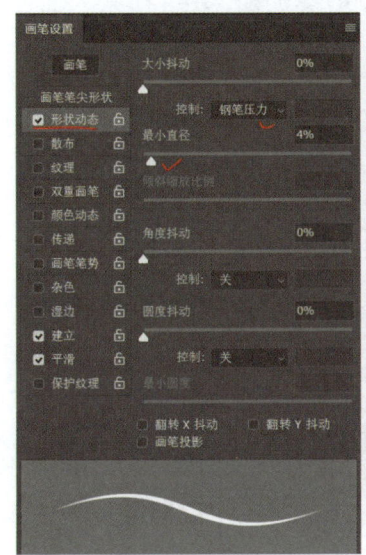

图 3-157　尖角 6 号画笔形状动态

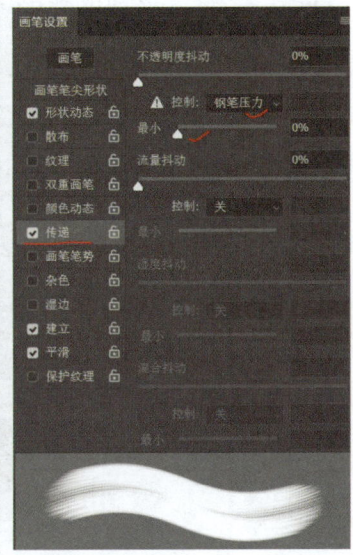

图 3-158　平扇形 25 号画笔传递设置

图 3-159　线条粗细与颜色浓淡

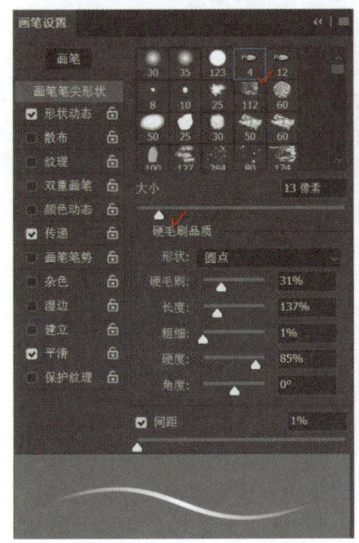

图 3-160　圆点画笔设置

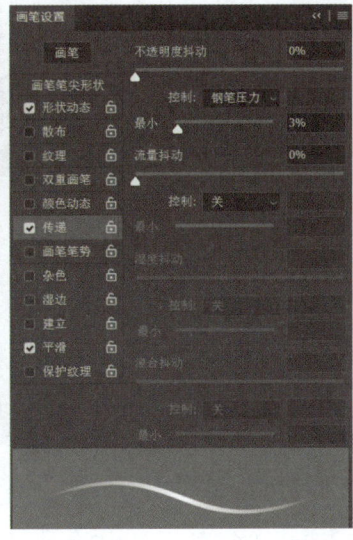

图 3-161　圆点画笔传递设置

图 3-162　人物动势草图

在"草图层"上方新建"线稿层",将"草图层"不透明度降低,在"线稿层"用勾线笔细致勾出眼睛、眉毛、鼻子等五官,并依次细致画出手臂、围巾、车身等结构,绘制时注意线条的轻重虚实,避免太死板,完成的人物线稿如图3-163所示。

步骤2 分色-铺大色调。在"线稿"层下方新建"方向盘""人物""手套""车身"图层,准备分层涂色,如图3-164所示。单击"方向盘"图层,选择平扇形25号画笔,并勾选"形状动态"及"传递"选项,设置"钢笔压力",如图3-165所示。将前景色设置为黑色,依据线稿层为方向盘上色,画出方向盘明暗结构及皮质感。依次给人物皮肤铺上粉色,围巾、手套铺上金黄色,车身大致铺成绿色,效果如图3-166所示。细致刻画前先铺大色调有助于画面整体色调的控制。

图3-163 人物线稿

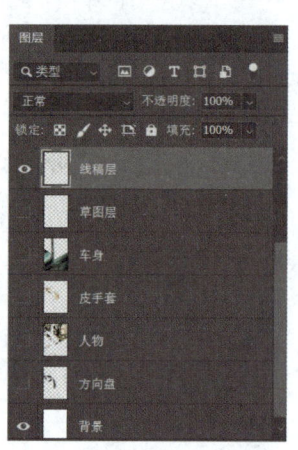

图3-164 新建涂色层

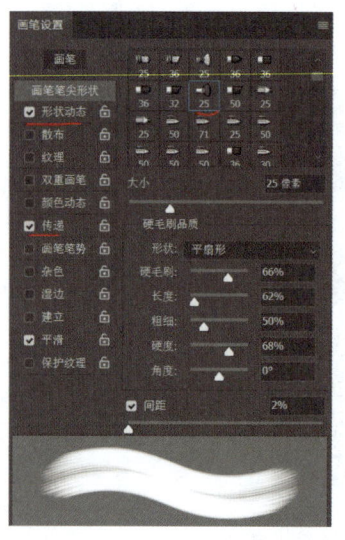

图3-165 平扇形厚涂画笔

图3-166 铺大色调

步骤3 细化上色-头部。选择"线稿层"中的面部线稿复制成一个新图层,锁定图层的"透明像素" ，将眉眼外的线稿填充为红色或肤色，如图 3-167 所示。单击"人物"图层以选中该层，选择工具箱中的"画笔工具" ，按【F5】快捷键打开"画笔设置"面板，选择"侵蚀三角形画笔" ，并勾选"形状动态"及"传递"选项，设置"钢笔压力"，如图 3-168 所示。在原底色的的基础上加深色调，绘制鼻底、眼窝等暗部的块面结构。使用不同层次的暖黑灰色细化鼻孔、眼睛、眉毛的形状。用不同深浅的红色绘制嘴唇、眼睑，在鼻梁、眉弓、唇上使用比肤色亮些的冷色点高光，为眼睛点眼神光及高光，点高光时用柔边画笔，其他部分保留绘制笔触。至此头部绘制效果如图 3-169 所示。绘制过程中可按键盘上的 [] 键缩放画笔大小，也可通过按【1~9】快捷键更改画笔的不透明度值来灵活控制画笔的虚实。

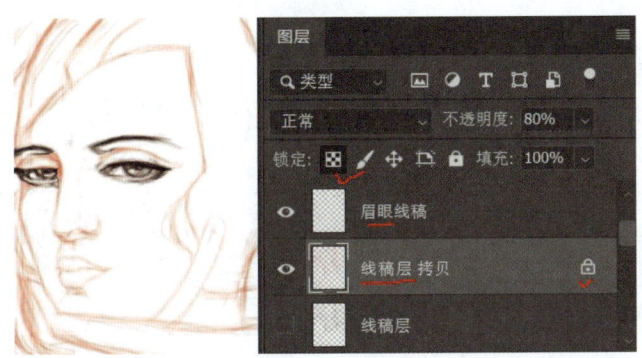

图 3-167　肤色线稿

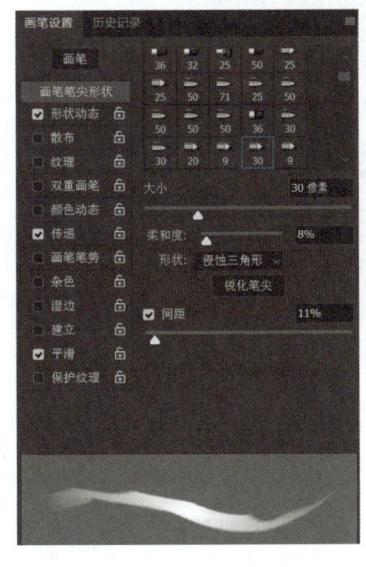

图 3-168　侵蚀三角形画笔设置

图 3-169　头部绘制效果

步骤 4　细化上色 - 围巾、手套。设置前景色为 #ae9b66 灰金色，使用"侵蚀三角形画笔" 涂抹围巾的固有色，设置比固有色深些的咖啡色涂抹围巾暗部，使用比固有色亮些的冷黄色绘制围巾亮部。设置前景色为 #caa457 土黄色，绘制手套的固有色，选用深土黄绘制手套暗部，使用 #e6d8a0 亮黄色绘制手套高光部分，如图 3-170 所示。

图 3-170　绘制围巾、手套

步骤 5　细化上色 - 车身质感。设置前景色为 #4f997f 深绿色，使用"侵蚀三角形画笔"绘制车身固有色，使用 #a7e6d4 粉绿色绘制车身亮部，使用 #1d5241 偏冷的深绿色绘制车身背光部分，并在色相环中寻找它们的中间色进行过渡。在绘制车架金属效果时，使用黑灰色调，注意勾选画笔的"传递"选项，设置"钢笔压力"值小一些，调整画笔的不透明度为 50% 左右，使车身绿漆与金属互相融合渗透。使用"喷枪 50 画笔"为车身绘制磨砂质感；使用柔边画笔为车身最亮处点高光。车身绘制效果如图 3-171 所示。

图 3-171　绘制车身

步骤 6　背景的绘制。在背景层上方新建"环境"层，使用"旋绕画笔 60 号"，绘制人物周边环境，尽量使用饱和度低的颜色，大致画出明暗结构即可，不要进行细致刻画，以免抢主题。

步骤 7　调整画面。进一步调整画面整体色调，人物是暖色，与车身绿色进行互补协调；细致刻画人物五官、手的形态表情，淡化削弱周围环境，以强化主体。使用"橡皮擦工具"擦除多余的线稿及涂色，整理各物体形态。检查画面高光、暗部是否恰到好处，要让亮的亮起来，暗的暗下去，这样画面才响亮。至此《驾驶绿色敞篷车的女人》绘制完成，效果及图层设置如图 3-172 所示。

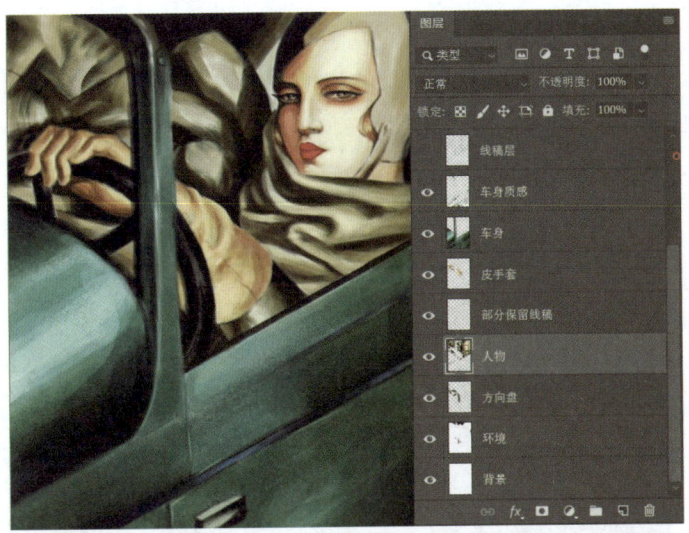

图 3-172 《驾驶绿色敞篷车的女人》完成效果及图层设置

3. 其他油画风格绘制技巧——滤镜

除了以上通过画笔设置创作油画效果作品,还可以使用滤镜将一幅画或照片直接转换成油画效果。打开"风景照片.jpg"文档,选择"滤镜"→"风格化"→"油画",打开"油画"设置对话框,如图 3-173 所示。保留默认设置,单击"确定"按钮,得到油画笔触和纹理的风景画,图 3-174 所示为使用"油画"滤镜前和使用后的效果对比。

图 3-173 油画设置对话框

图 3-174　风景照片的油画效果

4. 其他油画风格绘制技巧——历史记录艺术画笔

使用历史记录艺术画笔绘制油画

本次任务我们将使用历史记录艺术画笔工具将一幅风景照片变成油画作品。

步骤 1　打开素材并创建新快照。打开"油画风景.jpg"素材文件，单击历史记录面板中的"创建新快照" 按钮，创建快照，如图 3-175 所示。

图 3-175　创建新快照

步骤2　设置画笔。选择"历史记录艺术画笔"工具，按【F5】快捷键打开"画笔设置"面板，选择"喷溅46像素"画笔，并在属性栏设置样式为"绷紧中"，如图3-176所示。为了使画笔显得更自然，在画笔设置面板中勾选"湿边"和"杂色"选项，如图3-177所示。

图3-176　设置画笔大小和样式

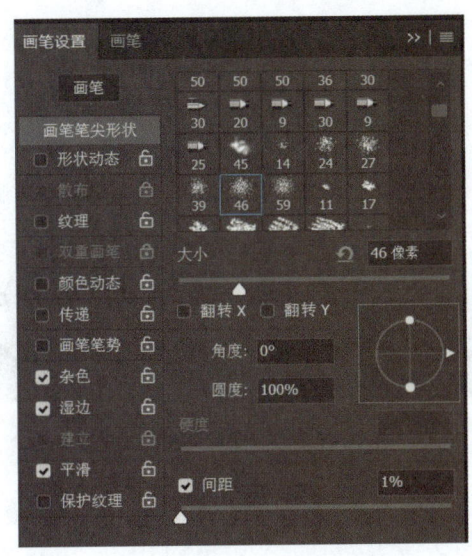

图3-177　选择喷溅画笔并设置湿边等选项

步骤3　绘制油画笔触。按下【Ctrl+J】组合键复制一个风景图层，使用历史记录艺术画笔工具在复制的图层上进行粗略的大面积涂抹，得到油画笔触如图3-178所示。

图3-178　喷溅画笔涂抹效果

步骤4　描绘细节。对画面大面积涂抹完成后，缩小历史记录艺术画笔，对图像细节处进行涂抹，如房屋边缘、树枝树叶等。然后选择橡皮擦工具，在上方的属性栏中设置橡皮擦的画笔"样式"为柔边，"大小"为50，"不透明度"为25%，然后对画面中心的主题物进行擦除，淡淡透出底层轮廓，如图3-179所示。注意：若想在Photoshop中绘制出色的油画效果，选择的原图片一定要色彩丰富、层次分明，才能绘制出更真实的油画效果。

图3-179　描绘画面细节和重点

步骤5　提亮画面，加强艺术效果。细节调整完成，我们来加强画面的亮度、对比度效果，单击图层面板底部的"创建新的填充或调整图层" 按钮，选择"亮度/对比度"选项，打开"亮度/对比度"属性对话框，设置亮度为33，对比度为48，设置参数及油画效果如图3-180所示，油画效果制作完成。

图3-180　使用亮度对比度调整图层提亮画面

【任务小结】

本次古堡壁画绘制任务包含了"仿大唐壁画""油画风格的壁画""滤镜油画""历史

记录艺术画笔油画"几个部分。"仿大唐壁画"重点知识是"混合器画笔工具" 、图层混合模式的使用及创意思路。"油画风格的壁画"讲解了设置使用油画质感的画笔、如何通过细节塑造突出主题、用色调统一画面的技巧。滤镜画笔主要是各个参数设置。历史记录艺术画笔油画绘制重点知识是快照创建、笔触、画笔样式设置、亮度/对比度调整图层的使用。

重要工具：勾线画笔、混合器画笔工具、历史记录艺术画笔。

核心技术：重点掌握勾线笔"圆点 4 号笔" 与厚涂画笔"侵蚀三角形画笔" 的"形状动态"设置，"传递"设置，以及不同画笔质感的体验。

实际运用：现代绘画创作及研究。

任务拓展

1. 通过"仿大唐壁画"任务的学习与实践，同学们可以自己设置勾线画笔、涂色画笔，轻松使用"混合器画笔工具" ，自由造型着色，并灵活运用"滤镜"→"渲染"→"云彩"菜单命令模仿宣纸质感，绘制如图 3-181 所示的国画作品一幅，也可举一反三，使用淡彩画笔创作一幅水彩画。

图 3-181　观鸟仕女

2. 根据"油画风格的壁画"所学知识创作一幅油画风景或肖像，打印出来装饰自家客厅，可以参考图 3-182《睡莲》，图 3-183《大碗岛的星期天下午》。

图 3-182　睡莲

图 3-183　大碗岛的星期天下午

参考文献

[1] Art Eyes 设计工作室．创意的 Photoshop CS6 设计之路 [M]．北京：人民邮电出版社，2014．

[2] 周建国．Photoshop CC 2019 实例教程 [M]．6 版．北京：人民邮电出版社，2020．

[3] 达芬奇工作室．Photoshop 动漫创作技法 [M]．北京：清华大学出版社，2011．

[4] 李涛．Photoshop CC 2015 中文版案例教程 [M]．2 版．北京：高等教育出版社，2018．

[5] 江奇志．案例学 Photoshop 商业广告设计 [M]．北京：北京大学出版社，2017．

[6] 吴刚．视觉封王 Photoshop CC 2019 立体化教程 [M]．北京：清华大学出版社，2019．

[7] 萌动情诗．卷珠帘 Photoshop 古风插画技法完全教程 [M]．北京：人民邮电出版社，2020．

[8] 九州书源．Photoshop CS6 图像处理 [M]．北京：清华大学出版社，2015．

随手笔记